普通高等院校"十三五"规划教材

# 计算机应用技术实践指导

## （第 2 版）

杜 菁 主 编

杨秋英 刘冬冬 副主编

陈 卉 赵相坤 武 博 参 编

中国铁道出版社有限公司

CHINA RAILWAY PUBLISHING HOUSE CO., LTD.

## 内 容 简 介

本书是与《计算机应用技术教程》(第 2 版)(陈卉主编,中国铁道出版社出版)配套的实践指导书,主要内容包括 7 章:计算机基础、Windows 操作系统、Word 2016 基本操作、Excel 2016 基本操作、PowerPoint 2016 演示文稿制作、Photoshop CC 基本操作、Dreamweaver CC 网页制作。每章与教程的内容相对应,对教程中简要提示的操作任务进行详细的说明,配有操作步骤与提示。有关的实训内容均配有操作视频,扫码即可观看,同时,每章还增加了扩展练习内容及自测题,书后附有自测题参考答案,便于学习者对学习效果进行评价与复习。

本书深入浅出、语言流畅,实践内容可操作性强,适合作为高等院校本、专科非计算机专业基础教学的辅导用书,也可作为计算机基础培训用书和个人自学用书。

**图书在版编目(CIP)数据**

计算机应用技术实践指导/杜菁主编. —2 版. —北京:
中国铁道出版社有限公司,2019.3(2021.1 重印)
普通高等院校"十三五"规划教材
ISBN 978-7-113-25593-0

Ⅰ.①计… Ⅱ.①杜… Ⅲ.①电子计算机-高等学校
-教学参考资料 Ⅳ.①TP3

中国版本图书馆 CIP 数据核字(2019)第 039410 号

书　　名:计算机应用技术实践指导
作　　者:杜　菁

策　　划:刘丽丽　周海燕　　　　　　　　　　　编辑部电话:(010)51873202
责任编辑:刘丽丽　贾淑媛
封面设计:刘　颖
责任校对:绳　超
责任印制:樊启鹏

出版发行:中国铁道出版社有限公司(100054,北京市西城区右安门西街 8 号)
网　　址:http://www.tdpress.com/51eds/
印　　刷:北京铭成印刷有限公司
版　　次:2014 年 8 月第 1 版　2019 年 3 月第 2 版　2021 年 1 月第 2 次印刷
开　　本:787 mm×1 092 mm　1/16　印张:9.25　字数:210 千
书　　号:ISBN 978-7-113-25593-0
定　　价:26.00 元

# 前言（第2版）

本书是陈卉主编的《计算机应用技术教程》（第 2 版）的配套教材，其内容翔实、思路清晰、操作步骤详细，可帮助学生完成实践环节的自主学习与操作，同时，也可帮助教师更好地组织教学活动。与第 1 版内容相较，除软件进行了相应的版本升级外，实践教程与理论教程的联系更为紧密，实践内容分基本任务、扩展练习和自测题三部分，有关的实训内容均配有相关的操作视频，扫码即可观看，自测题目的数量也较第 1 版有所增加。

本书共 7 章，内容包括计算机基础、Windows 操作系统、Word 2016 基本操作、Excel 2016 基本操作、PowerPoint 2016 演示文稿制作、Photoshop CC 基本操作、Dreamweaver CC 网页制作。实训内容由浅入深，主要内容是与教材内容相对应的基本任务，本书中给出了操作提示。同时各章还增加了教材以外的扩展练习，以突出各章的知识要点，丰富知识内容。不同的需求与层次的学习者，可根据自身要求选择完成相应的实训内容。为了便于自学，各章还编有自测题（书后附参考答案），有助于学习效果的检验与复习。

本书第 3 ~ 7 章的所有练习均配有相关的操作视频，可通过扫描二维码更直观地学习每个实训的操作过程。

参加本书编写的编者均为首都医科大学的一线教师，具有丰富的教学和著书经验。本书由杜菁任主编，杨秋英、刘冬冬任副主编。本书的编写分工为：第 1、2 章由武博编写，第 3 章由杜菁编写，第 4 章由陈卉编写，第 5 章由杨秋英编写，第 6 章由刘冬冬编写，第 7 章由赵相坤编写。

在此感谢王洪老师为本书的视频制作所做的工作，感谢为本书的编写给予帮助和付出辛苦劳动的老师和朋友们。

由于时间仓促，书中难免存在疏漏和不足之处，恳请各位读者批评指正。

编　者
2019 年 1 月于首都医科大学

# ◀ 目　录

# 第1章 >>> 计算机基础

## 一、基本任务

### 任务1-1 将十进制整数转换成二进制数

**任务要求**

用"余数法"将十进制整数 89 转换成二进制数。

① 用短除法，将十进制整数 89 逐次除以基数 2，直到商是 0 为止。

② 将所得到的余数由下而上排列即得到相应的二进制数，也就是$(89)_{10}=(1011001)_{2}$。

**操作步骤**

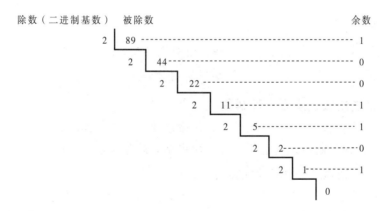

### 任务1-2 将十进制小数转换成二进制数

**任务要求**

用"进位法"将十进制小数 0.6875 转换成二进制小数。

① 用十进制小数 0.6875 不断乘以二进制的基数 2，直到小数部分的值等于 0（或满足所要求的精度）为止。

② 将所得到的积的整数部分由上而下排列即为所求的二进制数，也就是$(0.6875)_{10}=(0.1011)_{2}$。

1

| 乘基数 | 积的整数部分 |
|---|---|
| 0.6875×2=1.375 | 1 |
| 0.375×2=0.75 | 0 |
| 0.75×2=1.5 | 1 |
| 0.5×2=1.0 | 1 |

### 任务 1-3　将二进制数转换为十进制数

**任务要求**

采用"位权法"将二进制数 1011011.0101 转换为十进制数。

**操作步骤**

$(1011011.0101)_2 = 1 \times 2^6 + 0 \times 2^5 + 1 \times 2^4 + 1 \times 2^3 + 0 \times 2^2 + 1 \times 2^1 + 1 \times 2^0 + 0 \times 2^{-1} + 1 \times 2^{-2} + 0 \times 2^{-3} + 1 \times 2^{-4} = (91.3125)_{10}$

## 二、扩展练习

### 扩展练习 1-1　十进制数与其他进制数之间的转换

**任务要求**

将其他进制数转换为十进制数，再将十进制数转换成另外一种数制。

**操作步骤**

**1．将其他进制数转换为十进制数**

① 将其他进制数转换为十进制数可采用多项式替代法，即将其他进制数按权展开。

② 在十进制的数制系统内进行计算，所得结果就是该进制数的十进制数形式。

**2．将十进制整数转换为其他进制整数**

① 十进制整数化为非十进制整数采用"余数法"，即除基数取余数。把十进制整数逐次用任意十制数的基数去除，直到商是 0 为止。

② 将所得到的余数由下而上排列。

**3．将十进制小数转换成非十进制小数**

① 十进制小数转换成非十进制小数采用"进位法"，即乘基数取整数。十进制小数不断地用其他进制的基数去乘，直到小数的当前值等于 0 或满足所要求的精度为止。

② 将所得到的积的整数部分由上而下排列即为所求。

## 三、自测题

**（一）单选题**

1. 1949 年由英国剑桥大学数学实验室的莫里斯·威尔克斯教授研制成功的存储程

序式计算机，称为（　　　　）。

    A．ENIAC　　　　　B．EDSAC　　　　　C．IBM System/360　　D．OS/360

2．计算机工作最重要的特征是（　　　　）。

    A．高速度　　　　　　　　　　　　　B．高精确性

    C．超强存储　　　　　　　　　　　　D．程序的存储与控制

3．冯·诺依曼提出的计算机"存储程序"原理中"控制器"的作用是（　　　　）。

    A．对数据进行加工处理

    B．实现算术运算和逻辑运算

    C．指挥并控制内存、输入/输出设备之间数据的流动

    D．实现数据和程序等各种信息的存储

4．按计算机所采用的微电子器件的发展，可以将电子计算机分成几代，第四代计算机的标志性微电子器件是（　　　　）。

    A．电子管　　　　　　　　　　　　　B．晶体管

    C．集成电路　　　　　　　　　　　　D．大规模、超大规模集成电路

5．下列不属于主板元器件的是（　　　　）。

    A．CPU 插槽　　　B．PCI 插槽　　　C．USB 接口　　　D．Cache 缓存

6．下列不属于内存性能指标的是（　　　　）。

    A．内存总线频率　B．内存转速　　　C．内存容量　　　D．内存类型

7．将$(1024)_{10}$转化为二进制数为（　　　　）。

    A．10000000000　B．10000000　　　C．100000000000　D．11111111111

8．将$(11010011)_2$转化为十进制数为（　　　　）。

    A．211　　　　　　B．323　　　　　　C．201　　　　　　D．212

9．将$(1011010.0101)_2$转为十进制数，其值为（　　　　）。

    A．91.3125　　　　B．90.3125　　　　C．91.0125　　　　D．90.0125

10．下列关于 CPU 说法错误的是（　　　　）。

    A．CPU 串行运算能力强

    B．CPU 的出现推动了人工智能的发展

    C．CPU 适合处理图像相关的并行计算

    D．CPU 采用 X86 指令集的串行架构，适合快速完成串行任务。

11．下列主板接口类型为显卡接口的是（　　　　）。

    A．PCI　　　　　　B．DDR　　　　　C．SATA　　　　　D．HDMI

12．下列接口类型为内存接口的是（　　　　）。

    A．PCI　　　　　　B．DDR　　　　　C．SATA　　　　　D．HDMI

13．下列接口类型为硬盘接口的是（　　　　）。

    A．PCI　　　　　　B．DDR　　　　　C．SATA　　　　　D．HDMI

14．下列关于存储器说法错误的是（　　　　）。

    A．内部存储器主要是指 CPU 缓存（Cache）和内存

    B．内部存储器用于临时存放程序、数据及中间结果

C. 计算机的外部存储器容量大，存取速度慢

D. 外部存储器可以与 CPU 直接交换数据，可以长期存放程序和数据

15. 神威·太湖之光超级计算机使用了（　　　）。

A. 中国自主研发的龙芯 CPU

B. Intel 公司的酷睿 CPU

C. 中国自主研发的"申威 26010"众核处理器

D. 国产的 USoC2012 芯片

16. 结点之间的通信通过一条公用的通信线路完成的计算机网络拓扑结构为（　　　）。

    A. 总线拓扑　　　B. 环状拓扑　　　C. 星状拓扑　　　D. 树状拓扑

17. 在 Internet 中，协议（　　　）用于文件传输。

    A. HTTP　　　　B. FTP　　　　C. SMPT　　　　D. DNS

18. 网络硬件由计算机、网络互联设备和传输介质组成，以下属于传输介质的是（　　　）。

    A. 网络适配器　　B. 集线器　　　C. 同轴电缆　　　D. 交换机

19. Internet 起源于 1969 年美国国防部主持研制的实验性军用网络（　　　）。

    A. 阿帕网　　　　B. Gopher 网　　C. 教育网　　　D. NSF 网

20. 网络体系结构 OSI/RM 模型中负责端到端的数据传输的是（　　　）。

    A. 应用层　　　　B. 表示层　　　C. 会话层　　　　D. 传输层

21. 下列关于网络体系结构 OSI/RM 模型与 TCP/IP 协议模型的区别说法错误的是（　　　）。

A. OSI/RM 模型并没有得到实际的应用

B. TCP/IP 协议族则是事实模型

C. TCP/IP 协议族由 4 个层次组成

D. TCP/IP 协议由国际标准化组织（ISO）发布

22. 子网掩码 255.255.0.0 用于（　　　）类网络 IP 地址的网络地址与主机地址的划分。

    A. A　　　　　　B. B　　　　　C. C　　　　　　D. D

23. IPv4 地址 112.132.76.223 属于（　　　）。

    A. A 类地址　　　B. B 类地址　　C. C 类地址　　　D. D 类地址

24. IPv6 地址为（　　　）位，通常分为 8 组，组间用冒号隔开。

    A. 128　　　　　B. 64　　　　　C. 256　　　　　D. 1024

25. IPv6 地址由两个逻辑部分组成：64 位的（　　　）和 64 位的主机地址。

    A. 网络前缀　　　B. 设备前缀　　C. 服务器前缀　　D. 域名前缀

26. www.ccmu.edu.cn 域名中的 edu 属于（　　　）。

    A. 国家或地区名称　　　　　　　　B. 注册教育机构

    C. 政府部门　　　　　　　　　　　D. 商业组织

27. 下列不属于局域网技术的是（　　　）。

    A. 以太网（Ethernet）　　　　　　B. 无线局域网（WLAN）

C. 蓝牙（BlueTooth）　　　　　　D. 万维网（WWW）

28. （　　）用于实现 Internet 中的 Web 服务。

　　A. 超文本传输协议（HTTP）　　B. 文件传输协议（FTP）

　　C. 域名服务（DNS）　　　　　　D. 简单邮件传输协议（SMTP）

29. 下列关于无线局域网技术描述错误的是（　　）。

　　A. 数据传送的媒介为无线电波

　　B. 传送距离可以达到几千米

　　C. Wi-Fi 是 WLAN 产品的品牌认证

　　D. WLAN 无线局域网通信标准是 IEEE 802.11

30. 下列关于 GPU 描述错误的是（　　）。

　　A. GPU 是图形处理器

　　B. GPU 处理器的架构与 CPU 不同

　　C. GPU 擅长多内核并行处理计算任务

　　D. 处理深度学习任务时 CPU 性能优于 GPU

（二）多选题

1. 冯·诺依曼提出的"存储程序原理"的主要思想包括（　　）。

　　A. 计算机的信息用二进制来表示、存储和传输

　　B. 计算机程序和数据存放在存储器中

　　C. 计算机由五个基本部分组成：运算器、控制器、存储器、输入和输出

　　D. 计算机的运算器（Arithmetic Logical Unit，ALU）是对数据进行加工处理的部件，可以完成算术运算和逻辑运算

2. 关于计算机的 CPU 性能指标，下列说法正确的是（　　）。

　　A. 主频越高，运算速度越快　　　　B. CPU 字长越长，运算速度越快

　　C. 内部缓存容量越大，运算速度越快　D. 存取周期越长，运算速度越快

3. 下列关于存储容量单位说法正确的是（　　）。

　　A. 1 KB=1024 Byte　　　　　　　B. 1 字节包含 8 个比特

　　C. 1 TB>1 GB　　　　　　　　　D. 1 GB 代表容量为 1G 个比特

4. 下列属于操作系统的软件是（　　）。

　　A. Windows 10　　B. UNIX　　　C. Mac OS　　　D. Java

5. 关于软件和硬件关系，下列说法不正确的是（　　）。

　　A. 软件和硬件互相依存　　　　　B. 硬件和软件协同发展

　　C. 硬件功能的实现不需要软件的支持　D. 应用软件的开发和使用与硬件无关

6. 计算机网络主要功能包括（　　）。

　　A. 程序语言处理　B. 资源共享　　C. 网络通信　　　D. 分布式处理

7. 计算机网络的构成包括（　　）。

　　A. 网络操作系统　B. 网络管理软件　C. 网络通信协议　D. 通信线路

8. 从地理范围来分，计算机网络可以分为（　　　）。

    A. 局域网　　　　　B. 万维网　　　　　C. 广域网　　　　　D. 城域网

9. 下列属于网络体系结构 OSI/RM 模型的是（　　　）。

    A. 应用层　　　　　B. 卷积层　　　　　C. 会话层　　　　　D. 传输层

10. IPv4 地址由（　　）组成。

    A. 网络地址　　　B. 主机地址　　　　C. 子网掩码　　　　D. C 类地址

（三）判断题

1. 与第一代电子管计算机相比，以晶体管为主要部件的第二代计算机体积更小，性能更稳定可靠。（　　　）

2. 冯·诺依曼提出的计算机"存储程序"原理中的运算器是对数据进行加工处理的部件，可以完成算术运算和逻辑运算。（　　　）

3. 内存用于临时存放程序和数据，存取速度快，可以长期存放程序和数据，断电后存储器中的信息不会丢失。（　　　）

4. 固态硬盘为全集成电路形式硬盘，有别于机械硬盘的结构。（　　　）

5. 主频是 CPU 的实际工作频率，主频越高 CPU 运行速度就越快。（　　　）

6. 计算机网络树状拓扑结构中任何两结点的通信都要经过中心结点，中心结点是数据转发的中心。（　　　）

7. Internet 就属于广域网。（　　　）

8. 网络中，提供服务的机器称为服务器，申请服务的机器称为客户端。（　　　）

9. 根据数据包中的目标逻辑地址（如 IP 地址），判断数据包转发的目标网络，寻找合适的路径进行数据转发。（　　　）

10. Windows 服务器下，IIS 网络服务软件提供 Web 服务、FTP 文件传输服务和 SMTP 简单邮件传输服务等。（　　　）

# 第 2 章

## >>> Windows 操作系统

### 一、基本任务

#### 任务 2-1　远程桌面连接

**任务要求**

两人一组，一人在计算机上进行服务器设置，允许其计算机作为服务器被其他客户端远程连接。另一人进行远程登录，访问和控制服务器。

**操作步骤**

① 服务器设置：对将被远程控制的计算机进行设置，要求被控制计算机必须连接到局域网或 Internet 上，并且没有处于睡眠状态。右击桌面上的"此电脑"图标，在弹出的快捷菜单中选择"属性"，并单击"高级系统设置"链接，在"系统属性"对话框"远程"选项卡中选择"允许远程连接到此计算机"，如图 2-1 所示。

② 客户机设置：单击 Cortana，在搜索栏中输入"mstsc"，单击"确定"按钮或按【Enter】键，打开"远程桌面连接"窗口；或在"开始"菜单中找到"Windows 附件"文件夹，单击其中的"远程桌面连接"选项，启动"远程桌面连接"窗口，如图 2-2 所示。在"计算机"框中输入待连接的计算机的 IP 地址或计算机名称，单击"连接"按钮，在弹出的"Windows 安全"对话框中输入被连接电计算机的用户名和密码并确认，即完成了远程计算机的连接。

图 2-1　"系统属性"对话框

图 2-2　"远程桌面连接"窗口

### 任务 2-2　启用和设置 Cortana 小娜语音助手

**任务要求**

在 Cortana 搜索栏里以语音的方式进行搜索。通过设置，让 Cortana 响应"你好小娜"，用语音的方式启动 Windows 任务管理器，设置听报告的提醒。

**操作步骤**

① 启动 Cortana：单击任务栏上"开始"图标右侧的 Cortana 图标，启动 Cortana 主页，如图 2-3 所示。

② 设置 Cortana：单击主页左侧的"设置"按钮 ⚙，启动 Cortana 设置，如图 2-4 所示。开启"你好小娜"开关，启用后出现"响应任何人说'你好小娜'"，与"尝试只响应我"选项，如图 2-5 所示。若选择"尝试只响应我"选项，则需要先打开"学习我说'你好小娜'的方式"，用 Windows 账户登录，然后进入 Cortana 声音熟悉界面，根据程序提示，对着麦克风说六段话，让 Cortana 识别并熟悉你的声音，这样小娜就只对你的语音指令做出响应，不会响应其他人的语音指令。本任务中选择"响应任何人说'你好小娜'"选项即可。

图 2-3　启用 Cortana 　　　图 2-4　Cortana 小娜 　　　图 2-5　启用"你好小娜"

小娜主页 　　　　　　　　　设置面板 　　　　　　　　　后的界面

③ 测试计算机麦克风是否正常工作：单击图 2-5 所示面板上"麦克风"下的"开始"链接，启用"设置麦克风"向导，根据向导提示，对麦克风说提示语言，确保麦克风工作正常。

④ 使用 Cortana 语音功能启动 Windows 任务管理器：单击 Cortana"主页"按钮 🏠，返回 Cortana 主页，单击搜索栏右侧的麦克风图标，出现语音识别模式界面，如图 2-6 所示。此时，对着麦克风说"任务管理器"，若小娜能正确识别，如图 2-7 所示，即可启动 Windows 任务管理器。

⑤ 设置听报告的提醒：在 Cortana 主页，单击搜索栏右侧的麦克风图标，说"提醒

我今天下午三点听报告"，Cortana 识别为提醒，并出现提醒确认的页面，如图 2-8 所示。再说"是"，Cortana 即确认将其设置为提醒，并出现在主页上，如图 2-9 所示。单击主页左侧的"笔记本"按钮，在打开的列表中选择"提醒"项，即可查看本机的提醒列表，如图 2-10 所示。

图 2-6　Cortana 小娜语音
识别模式界面

图 2-7　Cortana 小娜识别出
任务管理器

图 2-8　Cortana 小娜设置
提醒页面

图 2-9　Cortana 小娜主页上的提示

图 2-10　Cortana 小娜的提醒列表

## 二、扩展练习

### 扩展练习 2-1　使用任务管理器结束 Windows 资源管理器进程并重启

用户在使用 Windows 10 系统过程中，可能会遇到桌面图标和任务栏消失不见、应用程序窗口卡顿未响应的情况，这时重启 Windows 资源管理器可以解决这些问题。

### 任务要求

启用 Windows 资源管理器，结束"Windows 资源管理器"程序任务，再重启"Windows 资源管理器"。

### 操作步骤

① 使用 Cortana 搜索栏或语音识别输入"任务管理器"，启用任务管理器。

② 结束资源管理器进程：在任务管理器的"进程"选项卡，找到应用组中的"Windows 资源管理器"，如图 2-11 所示。在"Windows 资源管理器"上右击，选择快捷菜单中的"结束任务"命令，结束资源管理器进程。

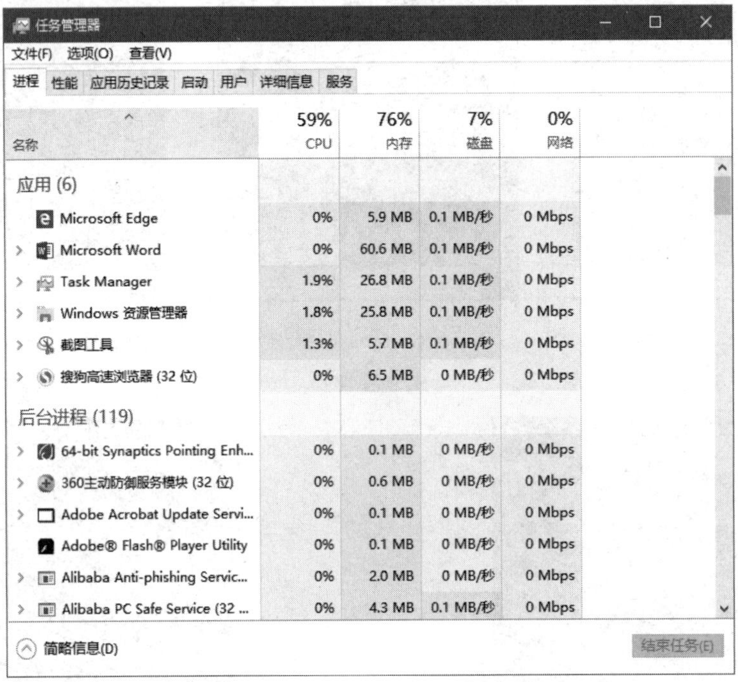

图 2-11　Windows 任务管理器

③ 重新启用资源管理器。单击"文件"菜单，选择"运行新任务"，在打开的"新建任务"窗口中输入"explorer.exe"，单击"确定"，资源管理器被重新启动。

## 三、自测题

### （一）单选题

1. 下列关于 Windows 10 说法不正确的是（　　　）。

　　A. 智能手机、平板计算机、桌面计算机都能使用 Windows 10 操作系统

　　B. Windows 10 对计算机硬件要求低，只要能运行 Windows 7 操作系统，就能运行 Windows 10

　　C. Windows 10 支持微软云服务

　　D. Windows 10 的设计没有考虑操作系统耗电的问题

2. 下列不属于 Windows 10 "开始" 菜单的功能是（　　　）。

　　A. 应用程序　　　　B. "电源" 按钮　　　C. "设置" 按钮　　　D. "共享" 按钮

3. 在桌面图标设置窗口中无法启用的桌面图标是（　　　）。

　　A. 此电脑　　　　B. 网络　　　　　　C. Windows 设置　　　D. 回收站

4. 以下关于 Windows 10 的桌面操作描述错误的是（　　　）。

　　A. Windows 10 桌面包括桌面背景、桌面图标、"开始" 按钮和任务栏四个部分

　　B. 用户可以自行设置桌面主题色，包括桌面上的背景色、"开始" 菜单、任务栏、通知中心等的颜色

　　C. 在任务栏的应用程序图标上右击，可使用跳转列表打开最近访问过的记录

　　D. Windows 10 提供了 Flip 3D 效果的窗口切换功能，其组合键是【Ctrl+Tab】

5. 下列关于创建虚拟桌面说法错误的是（　　　）。

　　A. 按下【■+Tab】组合键可以启用虚拟桌面

　　B. 单击任务栏左起第三个图标可以启用虚拟桌面

　　C. 创建的虚拟桌面有数量限制

　　D. 按下【■+Ctrl+D】组合键可以创建新虚拟桌面

6. 下列关于 Windows 10 操作系统分屏功能说法错误的是（　　　）。

　　A. Windows 10 支持屏幕四角贴靠分屏

　　B. 分屏不支持多任务

　　C. 采用分屏可以避免频繁的窗口间切换

　　D. 分屏可以实现多文档对照排版

7. 下列关于 Windows 10 的任务栏说法错误的是（　　　）。

　　A. 用户可以选择在任务栏上固定哪些程序图标

　　B. 用户可以从任务栏中移除不常用的程序图标

　　C. 任务栏的多个同类型应用程序或文件被合并到一个按钮

　　D. 任务栏只能位于屏幕底部，不能移动到屏幕的其他位置

8. 下列操作中，Windows 10 资源管理器主页功能区中不能实现的是（　　　）。

　　A. 复制　　　　B. 剪切　　　　　C. 粘贴　　　　D. 共享

9. 下列关于在资源管理器中查看文件或文件夹 "详细信息" 说法错误的是（　　　）。

　　A. 可以查看文件或文件夹的 "修改日期"

　　B. 可以查看文件的 "类型"

　　C. 文件或文件夹的文件信息列数固定，不能添加或减少

　　D. 查看详细信息时，可以将文件或文件夹按 "修改日期" 排序

10. 下列不属于 Windows 10 资源管理器 "计算机" 功能区的操作是（　　　）。

　　A. 打开 "Windows 设置"　　　　　B. 卸载或更改程序

　　C. 更改文件（夹）布局方式　　　　D. 查看系统属性

11. 下列可以将 "Windows 设置" 数据保存于微软云服务的账户类型是（　　　）。

　　A. Microsoft 账户　　　　　　　　B. Windows 账户

C. 本地账户                                    D. MSN 账户

12. 下列不能在 Windows 10 "账户" | "同步你的设置" 中进行同步的是（        ）。

    A. 主题                                    B. 密码

    C. 文件（夹）布局方式                        D. 语言首选项

13. 下列关于 Windows 账户说法错误的是（        ）。

    A. Microsoft 账户统一了多种类型账户，包括 Windows Live、Windows Phone、Xbox 等账户

    B. 使用 Microsoft 账户可以登录并使用 Microsoft 应用程序或服务

    C. 使用 Microsoft 账户可以漫游 Windows 10 操作系统的设置

    D. Microsoft 账户登录计算机之后，需要手工启用 OneDrive 服务

14. 下列关于 Windows 账户说法错误的是（        ）。

    A. 本地账户无法使用某些应用程序

    B. 本地账户无法同步操作系统设置

    C. 本地账户登录与 Microsoft 账户登录之间无法切换

    D. 创建 Microsoft 账户需要在微软提供的网站进行注册

15. 下列关于更改 "Microsoft 账户" 密码说法错误的是（        ）。

    A. 可以通过 Microsoft 账户管理中心网站更改密码

    B. 可以通过 "Windows 设置" 的账户信息窗口修改密码

    C. 定期更换 "Microsoft 账户" 密码可以保护账户安全

    D. 更改 "Microsoft 账户" 密码后本地账户密码也随之改变

16. 在 "以太网 属性" 的 "Internet 协议版本 4（TCP/IP）属性" 窗口中不可以查看的属性是（        ）。

    A. MAC 地址                                B. IP 地址

    C. DNS 服务器地址                          D. 子网掩码

17. 下列不属于 Windows Defender 病毒文件扫描方式的是（        ）。

    A. 快速扫描        B. 完全扫描        C. 自定义扫描        D. 启发式扫描

18. 下列关于 Windows Defender 说法错误的是（        ）。

    A. 可以实时查找并停止恶意软件在设备上的安装或运行

    B. 启用云保护之后，Windows Defender 会向微软发送一些潜在的安全问题

    C. 可以通过设置排除项，在病毒扫描时会排除这些位置，以加快扫描速度

    D. Windows Defender 仅支持在线病毒扫描

19. 下列关于 Windows 10 防火墙说法错误的是（        ）。

    A. Windows 10 防火墙可以保护不同网络环境下的网络通信安全

    B. 安装第三方防火墙之后，会自动关闭 Windows 防火墙

    C. Windows 10 防火墙属于轻量级的防火墙

    D. 应用程序无法通过 Windows 10 防火墙直接进行未经授权的网络通信访问

20. 不属于 Microsoft Edge 浏览器窗口组成部分的是（        ）。

    A. 标签栏                                  B. 功能栏

C．网页浏览区域                D．网络和共享中心

**（二）多选题**

1. 下列关于 Windows 10 "开始" 菜单的说法正确的是（     ）。

    A．"开始" 菜单有默认的非全屏模式和全屏模式

    B．"开始" 菜单右侧类似于图标的动态磁贴显示的信息是随时更新的

    C．"开始" 菜单中，应用程序以名称中的首字母或拼音升序排列，单击排序字
        母可显示排序索引

    D．"开始" 菜单中的应用程序支持跳转列表

2. 下列属于 Windows 10 虚拟桌面的操作有（     ）。

    A．新建         B．切换         C．删除         D．存取

3. Windows 10 文件资源管理器中共享功能区功能包括（     ）。

    A．刻录到光盘             B．共享

    C．设置文件或文件夹的权限     D．发送电子邮件

4. Windows 10 文件资源管理器包括（     ）功能区。

    A．计算机     B．主页         C．共享         D．查看

5. Windows 10 中，可在（     ）查看 IP 地址。

    A．"控制面板" |"网络和 Internet" |"网络和共享中心" |"以太网 属性"

    B．"Windows 设置" |"网络和 Internet" |"网络和共享中心" |"以太网 属性"

    C．"Windows 设置" |"网络和 Internet" |"查看网络属性"

    D．"控制面板" |"网络和 Internet" |"查看网络属性"

6. Microsoft 账户登录后，可以通过 Windows 10 的同步设置进行同步的有（     ）。

    A．主题

    B．某些应用、网站、网络和家庭组的登录信息

    C．IE 及 Edge 浏览器的设置和信息

    D．键盘、其他输入法和显示语言

7. 下列关于 Windows 10 网络类型说法正确的是（     ）。

    A．使用公用网络类型时，操作系统会阻止某些应用程序和服务的运行

    B．专用网络防火墙规则通常要比公用网络防火墙规则允许更多的网络活动

    C．域网络类型下的防火墙规则最严格

    D．专用网络类型的网络位置由网络管理员控制，无法选择或更改

8. 下列属于 Windows Defender 排除项设置的是（     ）。

    A．文件     B．文件夹         C．文件类型         D．进程

9. 下列属于 Windows Defender 的功能是（     ）。

    A．实时保护件     B．基于云的保护     C．排除项         D．脱机扫描

10. 下列属于 Microsoft Edge 浏览器功能的是（     ）。

    A．扩展程序                 B．Web 笔记

    C．阅读视图                 D．保护浏览器使用者的隐私

（三）判断题

1. Windows 10"开始"菜单中的应用程序不支持跳转列表。　　　　　（　　　）

2. Windows 10"开始"菜单不能以全屏模式显示。　　　　　　　　（　　　）

3. Windows 10 操作系统安装完成之后，桌面默认只显示"回收站"图标，没有"此电脑"等图标。　　　　　　　　　　　　　　　　　　　　　　　（　　　）

4. Windows 10"开始"菜单中右侧的动态磁贴，仅能查看程序动态信息，不能启动应用程序。　　　　　　　　　　　　　　　　　　　　　　　　（　　　）

5. Windows 10 的任务栏、"开始"菜单和操作中心可以设置为半透明效果。（　　　）

6. Windows 10 文件资源管理器的"计算机"功能区中可以查看系统属性。（　　　）

7. Windows 10 的本地账户无法使用某些应用程序，且无法同步操作系统的某些设置数据。　　　　　　　　　　　　　　　　　　　　　　　　　　（　　　）

8. 应用程序列表中可以按名称、大小、安装日期等几种方式对列表中应用程序进行排序，方便查找需要的应用。　　　　　　　　　　　　　　　　　（　　　）

9. Microsoft Edge 浏览器的扩展程序从 Windows 应用商店中的"Microsoft Edge 扩展商店"获取。　　　　　　　　　　　　　　　　　　　　　　　（　　　）

10. Microsoft Edge 浏览器 InPrivate 模式可以保护浏览器使用者的隐私，浏览器将不保存任何浏览历史记录、临时文件、表单数据、Cookie 以及用户名和密码等信息。
　　　　　　　　　　　　　　　　　　　　　　　　　　　　（　　　）

# 第 3 章

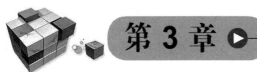

# Word 2016 基本操作

## 一、基本任务

### 任务 3-1 插入编号和符号

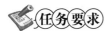

任务 3-1
操作视频

**任务要求**

① 在第一行插入符号ଓ和ഇ，多次复制使之成为一行；并在“报告人简介”前复制一行。

② 在文档中的适当位置插入符号☺和☹。

③ 最后 4 段插入带圈编号①~④。

完成后效果如图 3-1 所示。

ଓഇ ଓഇ ଓഇ ଓഇ ଓഇ ଓഇ ଓഇ ଓഇ ଓഇ ଓഇ ଓഇ ଓഇ ଓഇ ଓഇ ଓഇ ଓഇ ଓഇ ଓഇ ଓഇ ଓഇ

关于学分登记：

①请在报告开始前半小时和结束后半小时内电子签到

②请在报告结束后 2 天之内提交纸版学术讲座记录表，7 天之内提交学术讲座报告电子版

③电子版报告会进行查重，超过 30%会被认定不合格。不合格的报告会提交给你的老板☺，并取消当年奖学金评定资格☹。

④硕博连读的同学硕士阶段听的报告可累计到博士阶段，请保留好讲座记录表。

图 3-1 完成任务 3-1 后的效果

**操作步骤**

打开素材文件 3-1.docx，做如下操作：

#### 1. 插入符号

① 光标定位。将光标定位在“关于学分登记”行，回车插入空行。

② 打开“符号”对话框。单击“插入”功能区“符号”组的“符号”按钮，可看到常用和最近插入过的符号。单击最下方的“其他符号”可打开“符号”对话框，如图 3-2 所示。

③ 选择字体，插入符号。符号对话框中“字体”下拉列表中选择“Windings”，下方选择“ଓ”单击插入，再选择“ഇ”单击插入后，关闭“符号”对话框。

④ 复制符号成一行。在插入的两个符号后插入 3 个空格，选中符号和空格，多次复制使其占满整行。

⑤ 同样方法插入“☺”和“☹”。

### 2．插入编号

① 光标定位。将光标定位在第"关于学分登记"行。

② 打开"编号"对话框。单击"插入"功能区"符号"组"编号"，打开"编号"对话框，如图3-3所示。

图3-2 "符号"对话框

图3-3 "编号"对话框

③ 定义编号。在编号栏中输入数字"1"，在编号类型中翻页选择编号形式，单击"确定"完成插入。

④ 同样方法插入后面的2～4。

## 任务3-2　在任务3-1的基础上设置字体格式

任务要求

① 第1、2行设置为楷体小六号字，第4行楷体小五号，第3行标题为黑体一号字，缩放80%。主体内容为微软雅黑小四号字。

② 报告人简介标题为隶书五号字，英文为Times New Roman五号。

③ 学分登记部分楷体小五号，标题加双线下画线，"不合格"和"取消"为加粗。

④ 两行花边修饰为Wingdings字体小六号。

完成后效果如图3-4所示。

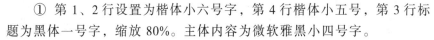
操作步骤

① 在功能区设置字体。选中第1、2行，单击"开始"功能区"字体"组"字体"下拉按钮，选择"楷体"，"字号"选择小六号。

② 同样方法设置其他文字的字体与字字号。

③ "字体"对话框设置其他内容。选中"关于学分登记"，打开"字体"对话框，在"字体"选项卡中设置下画线为双线，如图3-5所示。

④ "字体"对话框进行高级设置。选中大标题"学

右上角有"任务3-2 操作视频"及二维码。

图3-4 完成任务3-2后的效果

术讲座"，单击"开始"功能区"字体"组右下角扩展按钮打开"字体"对话框，单击"高级"选项卡，设置缩放80%，如图3-6所示。

图3-5 "字体"对话框

图3-6 "字体"对话框的"高级"选项卡

## 任务 3-3 在任务 3-2 的基础上设置段落格式

任务 3-3
操作视频

### 任务要求

① 第3行（大标题）黑色底纹，字色白色，第1～3行左对齐。

② 第4行右对齐，段前0.5行，段落加上框线；

③ "题目、报告人……地点"部分，1.5倍行距，题目部分分两行，英文部分悬挂缩进，中文部分首行缩进，其余无缩进。

④ 由符号组成的两行花边去掉尾部空格，设置为分散对齐，单倍行距。

⑤ 英文部分单倍行距。

⑥ 学分登记部分去掉编号，加项目符号★。

完成后效果如图3-7所示。

### 操作步骤

① 设置底纹。选中第1～3行文本，单击"开始"功能区"段落"的"左对齐" ；选中第3行，单击"开始"功能区"段落"组"边框"下拉按钮，选中下拉菜单中的"边框与底纹"，在"边框和底纹"对话框中选择"底纹"选项卡，设置"填充"为黑色，在"开始"功能区"字体"组设置字色为白色。

② 设置边框。选中第4行，单击"开始"功能区"段落"组扩展按钮，打开"段落"对话框，设置段前0.5行；打开"开始"功能区"段落"组中"边框"下拉菜单，选择"边框和底纹" ，"边框和底纹"对话框中，设置边框为细线上边框，应用于段落，如图3-8所示。单击"开始"功能区"段落"的"右对齐" 。

图 3-7　完成任务 3-3 后的效果

③ 设置段落缩进。选中"题目、报告人……地点"部分，单击"开始"功能区"段落"组"行和段落间距" ↕≡ 下拉按钮，选择 1.5；光标定位在题目行，拖动标尺的悬挂缩进游标；光标定位在中文标题所在行，拖动首行缩进游标，设置首行缩进。

④ 设置分散对齐。删除花边行尾部空格后，单击"开始"功能区"段落"组中的"分散对齐"按钮 。

⑤ 设置段落间距。选中英文部分，单击"开始"功能区"段落"组中的"行和段落间距"按钮 ↕≡，选择 1.0。

⑥ 设置项目符号。删除学分登记部分编号并选中，单击"开始"功能区"段落"组"项目符号"下拉按钮，选择"定义新项目符号"，对话框中选择"符号"，如图 3-9 所示，添加字体名称为 Windings 的 ★，参考任务 3-1 中添加符号的操作。

图 3-8　边框和底纹对话框

图 3-9　"定义新项目符号"对话框

## 任务 3-4　在任务 3-3 的基础上设置文档的页面格式

 **任务要求**

任务 3-4
操作视频

① 将第 1、2 行内容移到页眉处并左对齐，段落间距为单倍行距。

② "报告人简介"及英文部分等分为 3 栏，"报告人简介"设置为隶书 24 号字，每字各占一行，首行缩进 3 个字符，且每行设置右边框线。

③ 将素材文件"徽标.jpg"设置为页面背景图。

完成后效果如图 3-10 所示。

图 3-10　完成任务 3-4 后的效果

**操作步骤**

① 设置页眉。选中第 1、2 行内容，右击，在快捷菜单选择"剪切"，单击"插入"功能区"页眉和页脚"组中的"页眉"按钮，选择"编辑页眉"，光标出现在页眉位置，正文变成灰色，如图 3-11 所示，右击，在快捷菜单中选择"粘贴"，设置左对齐；双击灰色正文部分完成页眉设置。

图 3-11　页眉编辑状态

② 设置分栏。选中报告人简介部分文字，单击"布局"功能区"页面设置"组"分栏"按钮，选择三栏。

③ 报告人标题的设置。选中文本"报告人简介"，"开始"功能区"字体"组中设置隶属24号字；每个字后面回车使之各占一行；再次选中文本，单击"开始"功能区"段落"右下的扩展按钮打开"段落"对话框，设置首行缩进，3个字符，再单击"开始"功能区"边框"下拉按钮，选择"边框和底纹"，设置段落右框线。

④ 调整英文位置。光标定位在英文开始位置，添加回车，直至英文都分布在后两栏。

⑤ 设置页面自定义水印。单击"设计"功能区"页面背景"组"水印"下拉按钮，选择"自定义水印"，"水印"对话框中，选择图片水印，选择素材文件"徽标.jpg"，并取消"冲蚀"的勾选。

##  任务 3-5　图片的编辑

**任务要求**

在素材文件 3-5.docx 中：

① 插入 4 张图片：芍药.jpg、牡丹.jpg、腊梅.jpg、月季.jpg。

② "芍药"设置为紧密型环绕并编辑环绕顶点。

③ "牡丹"设置为紧密型环绕，"腊梅"和"月季"为四周型环绕，并均进行裁剪、旋转、样式（简单框架，白色）设置。

完成后效果如图 3-12 所示。

任务 3-5
操作视频

图 3-12　完成任务 3-5 后的效果

**操作步骤**

打开素材文件 3-5.docx，做如下操作：

① 插入图片"芍药.jpg"。第 1 段落前定位光标，单击"插入"选项卡"插图"组"图片"按钮，选择"芍药.jpg"。同样方法分别在第 2、3、4 段落前插入"牡丹.jpg"、"腊梅.jpg"和"月季.jpg"。

② 图片"芍药.jpg"格式设置。选中"芍药.jpg"图片，在"图片工具|格式"功能区进行设置：单击"调整"组"删除背景"按钮，调整区域后选中"保留更改"去除背景；单击"排列"组"环绕文字"的下拉按钮，选择"紧密型环绕"，再次选择此列表下的"编辑环绕定点"，调整边界定点及图片位置。

③ 图片"牡丹.jpg"的设置。选中"牡丹.jpg"，使用控制点改变大小后，在"图片工具|格式"功能区进行格式设置："大小"组中进行"裁剪"；"排列"组"环绕文字"的下拉列表选择"周围型"，也可单击图片控制点旁边的"图片选项"小图标，在菜单中选择环绕样式，如图 3-13 所示；"图片样式"组中选择名

图 3-13　图片编辑

称为"简单边框，白色"的样式。拖动图片上旋转句柄旋转角度。最后将图片放置到段落右侧。

④ 同样方法设置"腊梅.jpg"和"月季.jpg"的格式，文字环绕选择"紧密型环绕"。

## 任务 3-6　使用图形对象

（任务要求）

在素材文件 3-6.docx 中：

① 插入 3 张图片：静物-1.jpg、静物-2.jpg、静物-3.jpg。

② 将纸张方向改为横向。

③ 标题使用"奥斯汀引言"类型横排文本框，标题文字微软雅黑，大标题三号加粗，副标题五号。

④ 歌词内容为宋体六号字，使用竖排文本框。

完成后效果如图 3-14 所示。

任务 3-6
操作视频

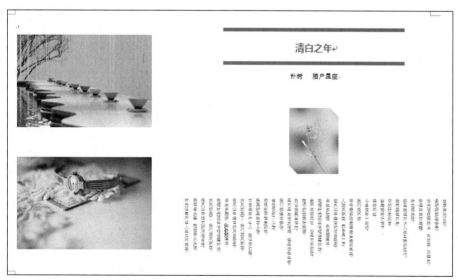

图 3-14　完成任务 3-6 后的效果

打开素材文件 3-6.docx，做如下操作：

① 设置纸张方向。单击"布局"功能区"页面设置"组"纸张方向"下拉按钮，选择横向。

② 插入竖排文本框。选中所有歌词，剪切。单击"插入"功能区"文本"组"文本框"下拉按钮，选择"绘制竖排文本框"，如图 3-15 所示。拖动鼠标绘制文本框，光标定位在文本框中，将歌词粘贴进文本框。

同样方法插入副标题文本框，插入时选择"绘制文本框"，并设置文本框无边框，文字微软雅黑五号。

③ 竖排文本框设置。选中文本框，单击"绘图工具|格式"功能区"形状样式"组"形状轮廓" [形状轮廓] 下拉按钮，选择"无轮廓"，选中文本框中文字，在"开始"功能区设置宋体，小六号字，段落间距为最小值12 磅。

④ 插入大标题文本框。单击"插入"功能区"文本"组"文本框"下拉按钮，选择"奥斯汀引言"文本框，输入标题"清白之年"，设置文字为微软雅黑，三号字，加粗。

图 3-15　插入文本框选择

⑤ 插入图片"静物-1.jpg"。单击"插入"功能区"插图"组"形状"下拉按钮，选择"矩形"，绘制矩形并选中，单击"绘图工具"|"格式"功能区"形状样式"组"形状填充"下拉按钮，选择"图片"，浏览文件选择"静物-1.jpg"；通过"形状轮廓"下拉按钮下的"无轮廓"去除矩形的轮廓线，调整大小和位置。

⑥ 同样方法插入"静物-2.jpg"和"静物-3.jpg"，"静物-3.jpg"使用的形状是"剪去对角的矩形"。

## 任务 3-7　设置表格格式

**任务要求**

打开素材文件 3-7.docx，实现以下操作：

① 人员简历为表格形式，插入头像图片，图片大小设置为 5 厘米 × 3.33 厘米。简历部分：名字为隶书一号字，内容是微软雅黑五号字，单倍行距。

② 使用内置表格样式设置"近期慢跑距离"表。最左侧插入编号列，添加自动编号。用柱形图表示每个人的慢跑情况。

③ 为三月慢跑统计表增加一个合计行，使用公式计算出三月的慢跑总数。

完成后效果如图 3-16 所示。

任务 3-7
操作视频

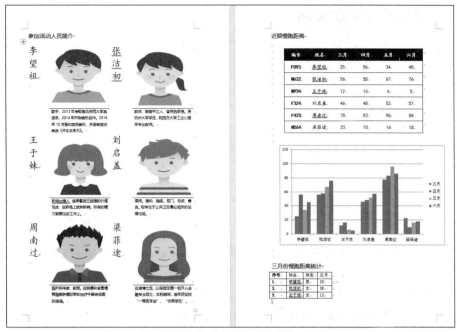

图 3-16　完成任务 3-7 后的效果

### 操作步骤

① 插入图片。光标定位在"李望祖："后，单击"插入"功能区"图片"按钮，插入"头像 1.jpg"，选中"头像 1.jpg"，在"图片工具|格式"功能区"大小"组"高度"后输入"5 厘米"。

同样方法，在每个名字后面依次插入"头像 2.jpg"～"头像 6.jpg"，并设置大小。

② 插入表格分隔标记。光标定位在"李望祖："后，删除冒号插入"-"，删除李望祖简介后面的回车符，在"张洁初"前后各插入"-"，删除其后面的冒号。张洁初简历后面保留一个回车，完成表格第一行的定义。

同样方法，定义王于妹和刘启盖为表格第二行；周南过和梁菲途为表格第三行。

③ 将文字转换为表格。选中从李望祖开始到梁菲途简历的结束部分，单击"插入"功能区"表格"按钮，选择"文字转换成表格"，对话框如图 3-17 所示，显示为 4 列，"文字分隔位置"选择"其他字符"，确定后完成表格插入。

④ 设置文字格式。设置名字为隶书一号字，简介为微软雅黑小五号字单倍行距，调整第 1、3 列列宽。

⑤ 表格添加新列并插入自动编号。光标定位在"近期慢跑距离"表的姓名列，单击"表格工具"|"布局"功能区"行和列"组"在左侧插入"按钮，插入新列，标题输入"序号"，选中新列的其余行，单击"开始"功能区"段落"组"编号"按钮，插入自动编号。

⑥ 定义表格样式。选中整个"近期慢跑距离"表，"表格工具"|"设计"功能区"表格样式"组选择"网格 4"样式，并定义标题、镶边行，去除"第一列"的勾选，如图 3-18 所示。

图 3-17 文字转换成表格的设置

图 3-18 表格样式定义

⑦ 插入柱形图。光标定位在"近期慢跑距离"表后，回车插入空行，单击"插入"功能区"插图"组"图表"按钮，选择柱形图。出现 Excel 数据表，将"近期慢跑距离"表整体复制到 Excel 数据表中。出现柱形图，关闭 Excel 数据表。

⑧ 柱形图编辑。选中插入的柱形图，单击"图表工具|设计"功能区"数据"组"编辑数据"下拉按钮，选择"编辑数据"，出现 Excel 数据表，光标定位在第 1 列标题序号处，右击，在快捷菜单中选择"删除"|"表列"，同样方法删除性别列。

⑨ 插入公式。光标定位在"三月份慢跑距离统计"表的最后一行，单击"表格工具|布局"功能区"行和列"组"在下方插入"，插入空行，第 1 列输入"合计"，选中新行的第 1、2 列两个单元格，单击"表格工具|布局"功能区"合并"组"合并单元格"，光标定位在新行的最后一列，单击"表格工具|布局"功能区"数据"组"公式"，出现公式对话框，如图 3-19 所示，选择确定可复制粘贴到 Excel 中。

图 3-19 插入公式

## 任务 3-8 使用样式设置文档格式

 **任务要求**

任务 3-8<br>操作视频

打开素材文件 3-8.docx，做如下操作：

① 清除原文件中所有格式，恢复默认格式。

② 大标题设置为标题 1，编号为 1、2……的设置为标题 2。

③ 新建 2 个样式用来定义带括号数字编号的小标题和正文，小标题为宋体五号字加粗，段前和段后各 0.5 行，正文首行缩进 2 字符，宋体五号字。

完成后效果如图 3-20 所示。

 **操作步骤**

① 清除所有格式。选中全部文字，单击"开始"功能区"样式"右下角扩展按钮打开"样式"任务栏，选择任务栏中第一项"全部清除"。

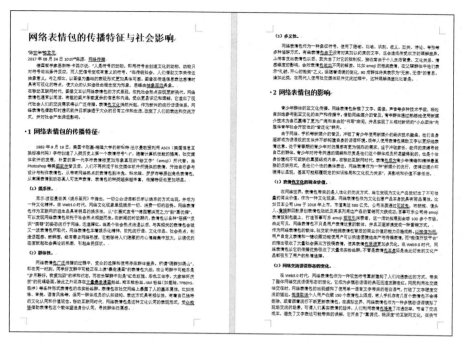

图 3-20 完成任务 3-8 后的效果

② 新建"缩进正文"样式。单击"样式"任务窗格下方的"新建样式"按钮，对话框中设置："名称"为"缩进正文"，"样式类型"为"段落"，"样式基准"为"正文"，"后续段落样式"为"缩进正文"，宋体五号字，单击对话框下方的"格式"按钮，选择段落，设置首行缩进 2 个字符，如图 3-21 所示。

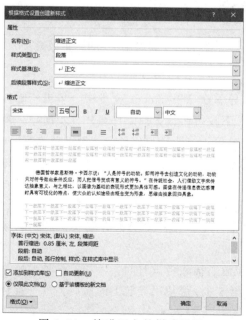

图 3-21 缩进正文的样式设置

同样方法新建"小标题"样式，"样式类型"为"段落"，"样式基准"为"正文"，

"后续段落样式"为"缩进正文"，宋体五号字加粗。

③ 应用样式。将光标定位在大标题位置，"开始"功能区"样式"组选择标题1，同样方法设置编号1、2、3、4的为标题2，编号（1）、（2）的为小标题，正文为"缩进正文"样式。

任务3-9
操作视频

### 任务3-9　生成个人竞赛通知及带照片的准考证

**任务要求**

打开3-9-2.docx文档进行邮件合并，素材文件3-9-1.docx为数据源文件。完成后效果如图3-22所示。

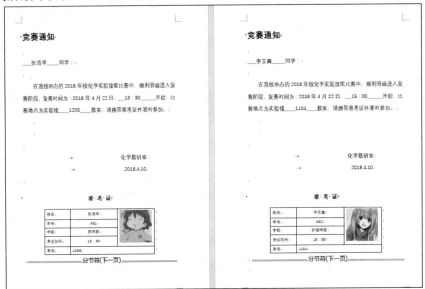

图3-22　完成任务3-9后的效果

**操作步骤**

① 打开邮件合并向导。在3-9-2.docx文件中，单击"邮件"功能区"开始邮件合并"组"开始邮件合并"下拉按钮，选择邮件合并分步向导，窗口右侧出现向导。

② 定义主文档。向导第1步选择"信函"，第2步选择"使用当前文档"。

③ 选择收件人。向导第3步，选择"使用现有列表"，并单击下方的"浏览"，选择3-9-1.docx。

④ 插入合并域。向导第4步，将光标定位在"竞赛通知"正文开始的"同学"前，单击"邮件"功能区"编写和插入域"组"插入合并域"下拉按钮，选择"姓名"，如图3-23所示。

同样方法，在相应位置，插入考试时间、考场、学号、照片等内容

⑤ 预览信函。向导第5步，可使用导航上的前后翻页查看合并后的情况，如图3-24所示。

⑥ 完成合并。向导第6步，选择"编辑单个信函"，对话框选择"全部"，生成新文件中包含6条记录的信息。

图 3-23 插入合并域

图 3-24 预览信函

## 任务 3-10 为图片添加题注、脚注和尾注

**任务要求**

打开素材文件为 3-10.docx，执行如下操作：

① 图片题注的格式为："图 3-1 搜索框功能"。

② 3.2.3 节插入 2 个脚注。

③ 3.1.1 节和 3.2.2 节各插入 1 个尾注。

完成后效果如图 3-25 所示。

任务 3-10
操作视频

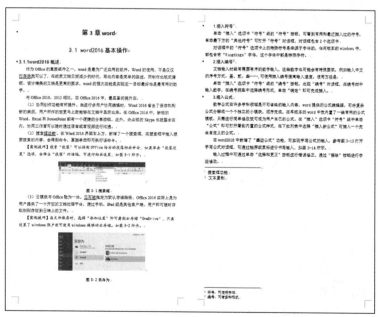

图 3-25 完成任务 3-10 后的效果

**操作步骤**

① 定义题注。光标定位在第 1 页的第 1 张图后，回车添加空行，单击"引用"功能区"题

注"组"插入题注"按钮，"题注"对话框中单击"新建标
签"，输入"图3-"，如图3-26所示。确定并关闭后在图的
下方出现题注"图3-1"，输入内容并设置居中对齐。

② 应用题注。同样方法单击"插入题注"按钮，在"题
注"对话框中可看到题注已经自动编号为图3-2。确定即可。

③ 插入脚注。光标定位在3.2.3节的"1.插入符号"
后，单击"引用"功能区"脚注"组"插入脚注"，光标
即可定位到当前页的下方，输入脚注内容。

图 3-26　插入题注时新建标签

同样方法在"2.插入编号"后插入脚注内容。

④ 插入尾注。光标定位在3.1.1节的"（1）搜索框功能"后，单击"引用"功能区
"脚注"组"插入尾注"，光标即可定位到文件尾部，输入尾注内容。

同样方法，光标定位在3.2.2节的"1.文本复制"后，插入尾注内容。

## 任务 3-11　长文档编辑

 **任务要求**

打开素材文件 3-11.docx，做如下操作：

| 任务 3-11 操作视频 1 | 任务 3-11 操作视频 2 |
|:---:|:---:|
|  |  |

① 设置4级标题，并使用多级符号形式。1级为标
题1样式；2级为宋体四号字加粗，段前0.5行，1.5倍
行距；3级黑体小四号加粗，段前0.5行，行距1.2；4
级黑体五号字加粗，段前后0行，单倍行距，正文宋体
五号，单倍行距，缩进2个字符。

② 首页插入自动目录，页码从正文开始计数。

③ 为图片添加题注。

完成后效果如图3-27所示。

**操作步骤**

① 设置标题级别。单击"视图"功能区"大纲视图"按钮进入大纲视图，光标定位在"第
3章……"行，在"大纲"功能区"大纲工具"组"大纲级别"下拉列表框中选择"1级"。

同样方法，设置"第1节……"和"第2节……"为2级，编号为一、二或三的为
3级，编号为1、2、3或4的为4级，完成操作后切换回页面视图。

设置级别后可通过导航窗格进行光标快速定位。

② 更改标题样式。光标定位在正文中，单击"开始"功能区"样式"组的扩展按
钮，打开"样式"任务窗格，选中"正文"样式，单击下拉按钮选择"修改"，在"修改
样式"对话框中，设置宋体五号字，单击"格式"按钮选择"段落"，"段落"对话框中
设置首行缩进2个字符，单倍行距。

同样方法，光标定位在"第1节"，修改标题2样式：宋体四号字加粗，段前0.5行，
1.5倍行距，无缩进；光标定位在 "一.Word2016概述"行，修改标题3样式：黑体小
四号加粗，段前0.5行，1.2倍行距，无缩进。

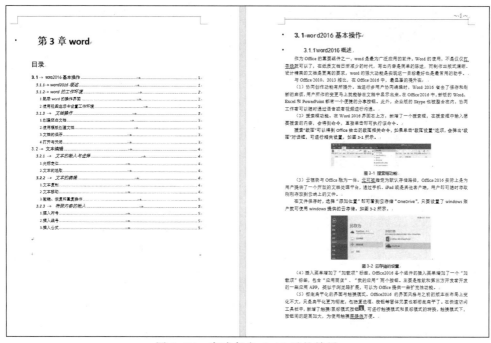

图 3-27　完成任务 3-11 后的效果

③ 新建样式。光标定位在"1.熟悉 Word 操作界面"行，样式窗格中单击"新建样式"按钮，新建名称为"小标题"样式，类型为段落，基准为标题 4，后续为正文，黑体五号字加粗，单倍行距，首行缩进 2 个字符。

④ 设置多级符号。光标定位"第 1 节"，删除"第 1 节"三个字，单击"开始"功能区"段落"组"多级列表"下拉按钮，选择"1.1.1"样式，再次单击此按钮选择"更改列表级别"为"1.1"，单击"开始"功能区"段落"组"编号"下拉按钮，选择"设置编号值"，如图 3-27 所示，设置开始数值为 3.1。

同样方法，删除编号类型为一、二、三的标题，设置为 3.1.1 等。

⑤ 插入目录。光标定位在标题 1 后，添加空行，单击"引用"功能区"目录"的下拉按钮，选择"自定义目录"，"目录"对话框中"显示级别"定义为 4，其他使用默认设置。

⑥ 插入图片题注。光标定位在第 1 页搜索框功能图下方的说明文字前，单击"引用"功能区"题注"组"插入题注"按钮，新建"图 3-"标签，插入题注。

其他图片可直接插入自动编号的题注标签。

## 二、扩展练习

**扩展练习 3-1　分节的使用技巧**

扩展练习 3-1 操作视频

任务要求

打开素材文件 K3-1.docx，做如下操作：
① 将文档各个部分设置为不同的分节。

② 利用分节实现不同的纸张和文字方向：目录部分为文字纵向纸张横向，其余为文字横向纸张纵向。

③ 为不同的节设置不同页眉。

完成后效果如图 3-28 所示。

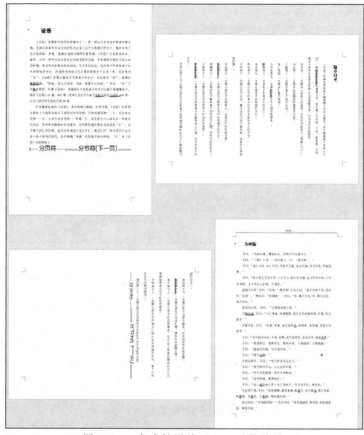

图 3-28  完成扩展练习 3-1 后的效果

**操作步骤**

**1. 插入分节符**

① 显示段落标记。在"开始"功能区"段落"组中单击"显示/隐藏编辑标记"按钮，显示出段落标记。光标定位到第 1 页尾，可看到分页符。

② 插入分节符。将光标定位到第 1 页尾分页符后，在"布局"功能区"页面设置"组中单击"分隔符"下拉按钮，选择"下一页"，插入一个下一页分节符，如图 3-29 所示。

图 3-29  插入分节符

同样方法，在第 3、5 页尾的分页符后面添加分节符。

**2．设置不同纸张方向**

① 设置不同文字方向。选中第 2、3 页的文字，在"布局"功能区单击"文字方向"按钮，选择"垂直"，文字方向改变的同时纸张方向也发生改变。

② 如需单独改变纸张方向，可将光标定位到第 3 页，单击"布局"功能区"页面设置"组右下角的扩展按钮，打开"页面设置"对话框，在"页边距"选项卡中，"纸张方向"选择"横向"，同时"应用于"下拉列表中选择"本节"，如图 3-30 所示。

**3．为不同的节设置不同页眉**

① 进入"为政篇"的页眉编辑。将光标定位在第 4 页上，双击页眉位置，页眉位置出现"与上一节相同"提示。

② 设置与前一节不同。在"页眉和页脚工具"|"设计"功能区"导航"组中，单击"链接到前一条页眉"，将当前页眉位置去除"与上一节同"的提示，如图 3-31 所示。

图 3-30　设置纸张方向

③ 插入页码等内容。在"页眉和页脚工具"|"设计"功能区"页眉页脚"组，单击"页码"按钮，选择"页面顶端"中"数字页码 1"，设置页码格式，如图 3-32 所示。然后在数字前输入文字"为政篇"，并适当添加空格或"-"。

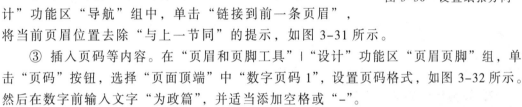

图 3-31　设置了与前一节不同页眉　　　图 3-32　设置页码格式

④ 同样方法，为"雍也篇"添加页眉，页码的起始数值为 1。

## 扩展练习 3-2　将字体嵌入到文件中

（任务要求）

打开素材文件 k3-2.docx，做如下操作：

① 安装新字体。

② 设置文本字体，并将新字体嵌入到文件中。

扩展练习 3-2
操作视频

**操作步骤**

### 1. 安装新字体

① 打开系统字体文件夹。在 Windows 任务栏上单击"开始"按钮，单击"设置"，打开 Windows 设置对话框，在搜索栏中输入"字体"，并选择"查看已安装的字体"，如图 3-33（a）所示，打开系统字体文件夹。

② 将新字体复制至系统字体文件夹。打开素材文件夹，将文件"汉仪典雅体繁.ttf"复制到系统字体文件夹中，如图 3-33（b）所示。

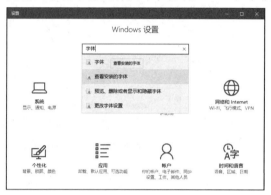
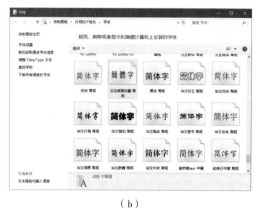

（a）　　　　　　　　　　　　　　　　（b）

图 3-33　打开字体文件夹并复制字体文件

### 2. 设置字体并嵌入文件

① 设置文本字体。在 k3-2.docx 文件中选中正文文字，设置字体为汉仪典雅。

② 设置字体嵌入。单击菜单命令"文件"|"选项"，打开"Word 选项"对话框，左侧选择"保存"，在右侧的"保存"选项卡上，勾选"将字体嵌入文件"选项。如图 3-34 所示。

图 3-34　保存选项中设置将字体嵌入文件

③ 保存文件。当此文件在没有此字体的计算机中打开时，将不会改变字体的设置。

## 扩展练习 3-3　使用查找和替换批量更换软回车并去除空行

**任务要求**

扩展练习 3-3
操作视频

打开素材文件 k3-3.docx，做如下操作：

① 将文档中的软回车更换为换行符。

② 去除多余空行。

**操作步骤**

### 1．替换软回车

① 打开"查找和替换"对话框。单击"开始"功能区"编辑"组的"替换"，打开"查找和替换"对话框，单击"更多"按钮，打开对话框的全部设置。

② 输入查找和替换的内容。将光标定位在"查找"栏，单击"特殊格式"按钮，选择"手动换行符"；将光标定位在"替换"栏，单击"特殊格式"，选择"段落标记"，如图 3-35（a）所示。

③ 替换软回车。单击"全部替换"按钮，系统提示有 248 处被替换。

### 2．去除多余空行

① 定义查找内容。在"查找和替换"对话框，单击"更多"按钮，将光标定位在"查找"栏，单击"特殊格式"按钮，选择"段落标记"，输入 2 个段落标记。

② 定义替换内容。将光标定位在"替换"栏，单击"特殊格式"，选择"段落标记"，输入 1 个段落标记，如图 3-35（b）所示。

（a）　　　　　　　　　　　　　　　（b）

图 3-35　打开字体文件夹并复制字体文件

③ 替换空行。单击"全部替换"，系统提示有 125 处被替换。再次执行"全部替换"，系统提示有 3 处被替换。多次执行"全部替换"至没有可替换项。当文档中有连续 2 个以上空行时，替换需执行多次。

扩展练习 3-4 将 Word 文档转换成 PowerPoint 文件

**任务要求**

打开素材文件 k3-4.docx，做如下操作：

① 为文本设置标题样式，并调整标题级别。

② 将 Word 文档转换为 PowerPoint 幻灯片文件。

完成标题级别设置并导入到 PowerPoint 中的效果如图 3-36 所示。

扩展练习 3-4 操作视频 1

扩展练习 3-4 操作视频 2

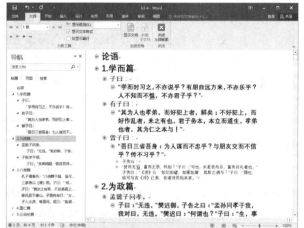

图 3-36 完成标题级别设置并导入 PowerPoint 后的效果

**操作步骤**

**1. 设置 Word 文档的标题样式**

① 打开素材文件并进入大纲视图。"视图"功能区"文档视图"组，单击"大纲视图"按钮。

② 设置标题样式。将"论语"、"1.学而篇"、"2.为政篇"、"3.八佾篇"、"4.里仁篇"及"5.公冶长篇"设置为标题 1 样式；学而篇中"子曰"、"有子曰"及"曾子曰"设置

为标题 2 样式，其下的内容设置为标题 3 样式；为政篇中"孟懿子问孝"及"子张学干禄"设置为标题 2 样式，其下内容设置为标题 3 样式；其余 3 篇下的内容均设置为标题 2 样式。参考图 3-36 中的设置效果。

**2．将 Word 文档转换为 PowerPoint 幻灯片文件**

设置了标题样式的 Word 文档，可通过 2 种方法导入到 PowerPoint 中：

① 直接打开 Word 大纲文件。在 PowerPoint 中执行菜单命令"文件"|"打开"，在"打开"对话框中，单击选择文档类型为"所有大纲"，然后选择 Word 文件即可，如图 3-37 所示。

② 在当前幻灯片文件中插入 Word 大纲。在 PowerPoint 中，单击"开始"功能区"幻灯片"组中的"新建幻灯片"下拉按钮，选择"幻灯片（从大纲）"，如图 3-38 所示打开"插入大纲"对话框，选择 Word 文件，单击"插入"按钮即可。

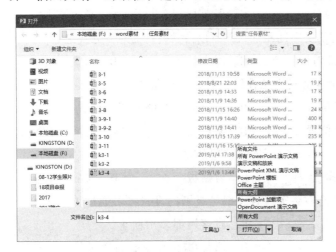 

图 3-37　在打开对话框中指定文件类型　　图 3-38　新建幻灯片时选择从大纲导入

# 三、自测题

**（一）单选题**

1．Word 2016 不能输出的文件格式是（　　　）。

    A．PDF　　　　　　B．TXT　　　　　　C．PNG　　　　　　D．RTF

2．在 Word 中关于功能区的描述，不正确的是（　　　）。

    A．功能区是固定不变的　　　　　　B．功能区是可以自定义的

    C．功能区是可以隐藏的　　　　　　D．功能区的变化与选取的对象有关

3．在 Word 中，（　　　）视图下，图片和形状是不显示的。

    A．页面　　　　　　B．阅读　　　　　　C．大纲　　　　　　D．Web 版式

4．在 Word 文档编辑时，组合键（　　　）可将光标定位到文档开头。

    A．【Shift+Home】B．【Shift+End】　　C．【Ctrl+End】　　D．【Ctrl+Home】

5. 在 Word 中设置字体大小时，以下设置会提示错误的是（　　　）。

    A. 零号　　　　　　B. 初号　　　　　　C. 12.5　　　　　　D. 500

6. 在 Word 中近距离文本复制，可在选中文本后，鼠标指针指向选中文本，同时按下（　　　）键拖动鼠标。

    A.【Ctrl】　　　　　B.【Alt】　　　　　C.【Shift】　　　　　D.【Tab】

7. 在 Word 中，（　　　）功能可帮助用户快速查找不熟悉单词的替换词。

    A. 拼写和语法　　　B. 自动更正　　　　C. 字典　　　　　　D. 同义词库

8. 在 Word 中，页眉页脚默认的有效范围是（　　　）。

    A. 整篇文档　　　　B. 节　　　　　　　C. 页　　　　　　　D. 段落

9. 在 Word 中，（　　　）包含前面段落的格式信息。

    A. 分节符　　　　　B. 分页符　　　　　C. 段落标记　　　　　D. 软回车

10. 在 Word 中，可将最后一行的文字间距加大到可以占满整行的对齐方式是（　　　）。

    A. 两端对齐　　　　B. 分散对齐　　　　C. 居中对齐　　　　　D. 自动对齐

11. 在 Word 中，设置段落缩进格式为悬挂缩进时，效果是（　　　）。

    A. 整个段落的左右边界位置　　　　　　B. 段落第 1 行的左边界位置

    C. 段落第 1 行的右边界位置　　　　　　D. 除第 1 行以外其他行的左边界位置

12. 在 Word 中可以快捷直观地改变段落缩进位置的是（　　　）。

    A. 标尺　　　　　　B. 样式　　　　　　C. 剪贴板　　　　　D. 查找和替换

13. 在 Word 中多级列表可设置多层次编号，编号级别的设置，可通过（　　　）。

    A. 段落尾部回车　　　　　　　　　　　B. 段落尾部多次回车

    C. 增加/减少缩进量　　　　　　　　　　D. 增加/减少段落首行缩进值

14. 在 Word 中，同一文档中实现不同的文字方向和纸张方向的效果，需插入（　　　）。

    A. 分页符　　　　　B. 分栏符　　　　　C. 连续分节符　　　　D. 下一页分节符

15. 在 Word 中可利用（　　　）设置奇偶页不同的页眉页脚。

    A. 插入功能区的页眉和页脚　　　　　　B. 布局功能区的页面设置

    C. 视图功能区的显示　　　　　　　　　D. 开始功能区的编辑

16. 在 Word 中，扩展名为 DOTM 的是（　　　）文件。

    A. 文档　　　　　　　　　　　　　　　B. 纯文本

    C. 模板　　　　　　　　　　　　　　　D. 带格式文本

17. 在 Word 中插入图片文件后，裁剪工具不能实现的功能是（　　　）。

    A. 图片的局部显示　　　　　　　　　　B. 删除被裁剪的部分

    C. 裁剪为椭圆形状　　　　　　　　　　D. 按比例裁剪

18. 在 Word 中用图片工具对图片进行调整时，不能实现的功能是（　　　）。

    A. 调整亮度　　　　B. 去除背景　　　　C. 制作双色调　　　D. 提取轮廓

19. 在 Word 中，图片可以与文字的环绕关系是（　　　）时，图片与文字可排列在同一行上。

　　A. 紧密环绕　　　B. 四周型　　　　　C. 嵌入型　　　　　D. 穿越型

20. 在 Word 中，以下图形对象中，有可能不能设置填充效果的是（　　　）。

　　A. 图片　　　　　B. 形状　　　　　　C. 艺术字　　　　　D. 文本框

21. 在 Word 中，关于绘图画布的描述，正确的是（　　　）。

　　A. 画布是将多个对象组合在一起

　　B. 画布内的对象仍需进行组合

　　C. 移动画布即可将画布所包含的对象整体移动

　　D. 画布内的对象只能整体编辑

22. 在 Word 中插入表格对话框中，可设置表格的自动调整参数，主要调整的是表格的（　　　）。

　　A. 宽度　　　　　B. 高度　　　　　　C. 表格边框　　　　D. 与文字的关系

23. 在 Word 中将文字"张三,基础医学,,,zhangsan@126.com"转换成表格，表格的布局是（　　　）。

　　A. 1行3列　　　B. 1行4列　　　　　C. 1行5列　　　　　D. 1行6列

24. 在 Word 表格中输入数据，当光标移动到表格的最后一行最后一列单元格时，按【Tab】键将（　　　）。

　　A. 增加新列　　　　　　　　　　　B. 增加新行

　　C. 光标右移一个单元　　　　　　　D. 光标左移一个单元

25. 在 Word 中选中表格后按删除键【Del】，将（　　　）。

　　A. 删除表格中的内容　　　　　　　B. 删除表格

　　C. 删除表格边框　　　　　　　　　D. 清除表格格式设置

26. 在 Word 表格中使用"重复标题行"功能，将（　　　）。

　　A. 先对表格进行拆分再添加标题

　　B. 对有分页的表格自动添加表头

　　C. 标题行只能重复 1 次

　　D. 表格有行列删减时需手工定位标题位置

27. 在 Word 中定义具有导航功能的样式，需（　　　）。

　　A. 定义样式名称为标题　　　　　　B. 定义样式类型为标题

　　C. 定义样式基准为标题　　　　　　D. 定义样式后续段落样式为标题

28. 在 Word 中字符类型的样式与段落类型的区别是（　　　）。

　　A. 字符类型的只包含文本格式

　　B. 段落类型可包含文本和段落格式

    C. 字符类型应用时不需要选中文本

    D. 段落类型应用时不需要选中文本

29. 在 Word 的修订状态下，（　　　）描述是错误的。

    A. 无标记状态是修改后的最终状态

    B. 原始状态不可删除被修改的操作

    C. 修订状态下对文档做任何操作都会被记录

    D. 简单标记显示为最终状态但能看到修改痕迹

30. 默认状态下，在 Word 中的样式被修改后（　　　）。

    A. 应用了此样式的文本需重新定义

    B. 应用了此样式的文本会自动更新

    C. 只有再次应用此样式时才会更新

    D. 需要手动选择更新

31. 在 Word 文档的审阅过程中，审阅者的信息（　　　）。

    A. 固定不变的                B. 只能是当前系统用户信息

    C. 可更改成任意信息         D. 一个文件只能有一个审阅者

32. Word 中进行邮件合并时，作为数据源的 Word 文件，（　　　）。

    A. 只能包含一个表格        B. 只要包含表格即可

    C. 表格文本均可             D. 表格必须在文档顶部

33. 在 Word 中制作自动目录时，（　　　）。

    A. 只有应用了标题样式的内容才能进入目录

    B. 只要定义了标题样式的内容都会自动进入目录

    C. 已经生成自动目录后，当页码发生变化后目录会自动更新

    D. 自动生成的目录本身不具有导航定位的功能

34. 在 Word 中的题注，可实现的功能是（　　　）。

    A. 为文本内容添加注释      B. 为文档标题添加注释

    C. 为表格添加自动编号      D. 为注释添加自动编号

35. 在 Word 中可以将同一格式多次应用到不同文本的是（　　　）。

    A. 复制       B. 粘贴       C. 替换       D. 格式刷

36. 在 Word 中设置段落格式时（　　　）。

    A. 须选中整个段落        B. 须选中文本和段落标记

    C. 不必选中整个段落       D. 仅选段落标记

37. 在 Word 中云模块可作为一个默认的指定路径，云存储的名称是（　　　）。

    A. SharePoint   B. OneDrive   C. Cloud        D. Office 365

38. 在 Word 的阅读版式下，以下描述错误的是（　　　）。

    A. 只能查看不能编辑      B. 可进行文本编辑

C．功能区将被隐藏　　　　　　　　D．全屏显示文档

39．Word 的文件保存时，不能实现的功能是（　　　　）。

　　A．可将大纲文件直接保存成幻灯片文件

　　B．保存时嵌入字体

　　C．保存为低版本的 Word 文件

　　D．保存成 PDF 文件

40．在 Word 中组合键【Ctrl+Z】的功能是（　　　　）。

　　A．恢复　　　　　B．撤销　　　　　C．剪切　　　　　D．保存

（二）多选题

1．Word 2016 能输出的文件格式是（　　　　）。

　　A．PDF　　　　　B．TXT　　　　　C．DOC　　　　　D．RTF

2．在 Word 表格的单元格中，可插入的内容包括（　　　　）。

　　A．文本　　　　　B．图片　　　　　C．艺术字　　　　　D．表格

3．使用 Word 的查找和替换功能，可批量修改（　　　　）。

　　A．文本　　　　　B．形状　　　　　C．段落标记　　　　　D．文本格式

4．在 Word 中设置段落格式时，以下描述正确的是（　　　　）。

　　A．设置格式需选中整个段落

　　B．只需光标定位在段落即可设置格式

　　C．复制段落时可以仅复制文本

　　D．使用软回车也可标识段落

5．在 Word 中设置字体大小时，以下描述正确的是（　　　　）。

　　A．初号字最大　　　　　　　　　　B．72 号字最大

　　C．可有 100 号字　　　　　　　　　D．四号字比五号字大

6．在 Word 中可将版面分成多栏，分栏时可进行设置的参数有（　　　　）。

　　A．栏宽　　　　　B．栏间距　　　　　C．分栏数量　　　　　D．插入分隔线

7．在 Word 中打印文档时，可实现的操作有（　　　　）。

　　A．打印部分文档　B．指定打印页码　C．只打印偶数页　　D．双面打印

8．在 Word 中可直接插入的图片类型有（　　　　）。

　　A．网络图片　　　　　　　　　　　B．本机图片

　　C．屏幕截图　　　　　　　　　　　D．邮件中的图片附件

9．在 Word 中使用文本框可以实现的效果有（　　　　）。

　　A．可放置在页面的任意位置　　　　B．同一页面上可实现文字横竖混排效果

　　C．可插入图片　　　　　　　　　　D．可插入表格

10．在 Word 中，可设置表格的对齐方式有是（　　　　）。

　　A．两端对齐　　B．分散对齐　　　C．居中对齐　　　　D．左对齐

11. 在 Word 中，对已经存在的批注可实现的操作是（　　　）。

    A. 复制　　　　　　B. 删除　　　　　　C. 答复　　　　　　D. 标记

12. 在 Word 中可作为邮件合并数据源的文件有（　　　）。

    A. Excel 表格　　　　　　　　　　　B. Access 数据库

    C. Outlook 联系人　　　　　　　　　D. PowerPoint 幻灯片

13. 在 Word 中插入艺术字，可进行的格式设置有（　　　）。

    A. 形状填充　　　B. 文本轮廓　　　C. 文字环绕　　　D. 文字方向

14. 在 Word 中，可设置自动插入题注的对象有（　　　）。

    A. 文本　　　　　B. 表格　　　　　C. 图片　　　　　D. 公式

15. 在 Word 中可实现文字环绕，在图片周围的图片环绕方式有（　　　）。

    A. 嵌入型　　　　B. 四周型　　　　C. 紧密环绕型　　　D. 衬于文字下方

## （三）判断题

1. Word 2016 能打开和输出低版本 Word 的文档格式。（　　）

2. Word 2016 可进行触摸模式和鼠标模式的转换。（　　）

3. Word 模板的来源都是 Office 提供的。（　　）

4. 标尺可用来设置段落缩进、制表位、页边距、表格大小和分栏栏宽等。（　　）

5. 使用"另存为"操作时，当前文档是新文档，原文档被关闭。（　　）

6. Office 的剪贴板中可以保留最近的 24 次操作数据，但只能依次取出。（　　）

7. Word 2016 中新增了"墨迹公式"功能，可实现手写公式的输入。（　　）

8. 中文的序号方式：壹、贰、叁……，可使用插入编号提高输入速度。（　　）

9. 使用导航窗格进行查找时，将无法统计查找到的结果数量。（　　）

10. 项目符号是不能设置级别的。（　　）

11. 使用制表位可在垂直方向按列对齐文本。（　　）

12. 当段落长度不到 1 行时，选中此段落文本，设置文本边框与设置段落边框的效果相同。（　　）

13. 插入到 Word 中的图片可被另存为图形文件。（　　）

14. 使用 Word 可打印空白稿纸。（　　）

15. 插入的形状可转换成文本框。（　　）

16. 将文本转换成表格时，中文标点符号不可以作为间隔符。（　　）

17. Word 的表格可以完成简单计算，当数据改变时也能自动更新计算结果。（　　）

18. 使用 Word 字数统计工具可统计出段落数和行数。（　　）

19. 只有接受修订才可去除修订的红色标记。（　　）

20. 将 Word 文件转换成 PowerPoint 幻灯片时，所有文字都可转换到幻灯片文件中。（　　）

# 第4章 ►

## ►► Excel 2016 基本操作

### 一、基本任务

任务 4-1 建立数据文件

任务 4-1

操作视频

**任务要求**

打开素材文件 4.xlsx 的工作表 4-1，选择适当的形式输入表 4-1 中的数据，完成后的结果如图 4-1 所示。

表 4-1 任务 4-1 的示例数据

| 病历号 | 姓名 | 性别 | 出生日期 | 入院途径 | 入院时间 | 主要疾病诊断 | 红细胞计数 | 总胆固醇 | 进入ICU | 住院费用 |
|---|---|---|---|---|---|---|---|---|---|---|
| 021502 | 梅花 | 女 | 1986 年 9 月 15 日 | 门诊 | 2018.9.10 9:00 | 哮喘 | $4.61×10^{12}$/L | 2.36 mmol/L | 否 | 5612.84 元 |
| 025614 | 碧桃 | 女 | 2004 年 1 月 30 日 | 急诊 | 2017.12.3 13:23 | 肺炎 | $5.13×10^{12}$/L | 5.63 mmol/L | 是 | 21235 元 |
| 080814 | 松柏 | 男 | 2001 年 11 月 5 日 | 门诊 | 2018.2.10 8:35 | 胆囊炎 | $3.67×10^{12}$/L | 1.87 mmol/L | 否 | 7001.2 元 |
| 139452 | 梧桐 | 男 | 1962 年 6 月 20 日 | 急诊 | 2018.3.19 7:56 | 胆囊炎 | $4.89×10^{12}$/L | 6.14 mmol/L | 否 | 1985 元 |
| 170556 | 杨柳 | 男 | 1984 年 1 月 17 日 | 转诊 | 2018.3.15 10:10 | 高血压 | $7.44×10^{12}$/L | 4.05 mmol/L | 否 | 2456.1 元 |

图 4-1 完成任务 4-1 后的结果

① "病历号"输入为文本形式，"出生日期"为日期型，"红细胞计数"为科学计数法形式。

② 在"总胆固醇"的标题单元格上添加批注，注明"正常值范围：<5.18mmol/L"。

③ "入院时间"包括日期和时间。

**操作步骤**

① 修改标题行。分别修改 H1、I1 和 K1 单元格的内容，将红细胞计数、总胆固醇和住院费用的计量单位"个/L"、"mmol/L"和"元"写在相应单元格中。

② 输入文本形式的病历号。在 A2~A6 单元格中输入病历号时，首先输入单引号，

然后再输入具体病历号，如"'021502"。

③ 输入日期型的出生日期和入院时间。日期型数据采用斜线或短横线分隔年月日，如输入 1986/9/15。输入入院时间时则在日期后面空一个格后再输入时间，如 2018/3/10 9:00。

④ 输入入院途径和主要疾病诊断：在 E2 和 E3 两个单元格中输入"门诊"和"急诊"后，输入 E4 和 E5 单元格的内容时，右击相应单元格，在快捷菜单中选择"从下拉列表中选择"，在弹出的下拉列表中选择"门诊"或"急诊"。用类似的方法输入 G2 到 G6 单元格中的内容。

⑤ 输入科学计数法的红细胞计数。在 H2 单元格中输入 4.61e12，用同样的方法输入其他数值。

⑥ 添加批注。右击 I1 单元格，在快捷菜单中选择"插入批注"，在批注框中输入"正常值范围：<5.18mmol/L"。

## 任务 4-2　对工作表中的数据进行编辑

任务要求

任务 4-2
操作视频

打开素材文件 4.xlsx，做如下操作，完成后工作表 Sheet1 的部分内容如图 4-2 所示。

① 将"是否进入重症监护室"和"是否使用呼吸机"两列中的"是"和"否"分别改为 1 和 0。

② 为以上两列的标题单元格添加批注来说明数值 0 和 1 的含义，并始终显示该批注。

③ 将"甘油三酯"的单位由 mg/dL 改为 mmol/L（1mg/dL=0.0113mmol/L），并相应修改标题单元格内容。

④ 删除单元格内容仅为"/"的所有单元格的内容。

图 4-2　完成任务 4-2 后的结果

操作步骤

① 查找和替换：选定 M 列和 N 列，在"开始"功能区"编辑"组中单击"查找和选择"按钮，在弹出菜单中选择"替换"打开"查找和替换"对话框，在"查找内容"处输入"是"，在"替换为"处输入 1，单击"全部替换"按钮。用同样的方法将"否"替换为 0。

② 添加和粘贴批注。右击 M1 单元格，在快捷菜单中选择"插入批注"，在批注框中输入"0：否"，回车后输入"1：是"。再次右击 M1 单元格并选择"显示/隐藏批注"。单击 M1 单元格后按【Ctrl+C】键复制该单元格，右击 N1 单元格选择"选择性粘贴"打开"选择性粘贴"对话框，选中"批注"，如图 4-3 所示。

③ 修改甘油三酯。修改 L1 单元格的内容为"甘油三酯（mmol/L）"。在任意空白单元格中输入 0.0113 后，单击该单元格并按【Ctrl+C】键进行复制。选定 L 列，在"剪贴板"组中单击"粘贴"下拉按钮并选择"选择性粘贴"，在打开的对话框中选择"乘"，如图 4-4 所示。

图 4-3 粘贴批注

图 4-4 粘贴运算

④ 批量删除内容。按【Ctrl+H】组合键打开"查找和替换"对话框，在"查找内容"处输入"/"，"替换为"处不输入任何内容。单击"选项"按钮扩展对话框，勾选"单元格匹配"。单击"全部替换"按钮。

## 任务 4-3　调整工作表中的单元格、行及列

任务要求

打开素材文件 4.xlsx，做如下操作，完成后工作表 Sheet1 的部分内容如图 4-5 所示。

① 在第一行上方插入一个空白行，将该行在"总胆固醇"、"高密度脂蛋白"和"甘油三酯"列中的单元格合并后居中，输入"血脂指标"。

② 删除病案号为 0605695 的患者记录。

③ 将"性别"一列设置为 6 个标准字符宽度，其余列均设置为可显示全部单元格内容的列宽。

④ 隐藏"入院时间"和"出院时间"两列，隐藏前 10 名女性患者的数据。

> 任务 4-3
> 操作视频

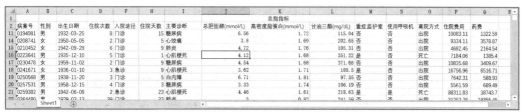
图 4-5 完成任务 4-3 后的结果

① 合并单元格。在行号 1 上右击，在快捷菜单中选择"插入"。选定 J1:L1 单元格区域，在"开始"功能区"对齐方式"组中单击"合并后居中"按钮，然后输入"血脂指标"。

② 查找记录。选定 A 列，在"编辑"中单击"查找和选择"按钮，在弹出列表中选择"查找"。在"查找内容"处输入 0605695 后，单击"查找下一个"按钮找到该病案号（第 319 行）。在行号 319 上右击，选择"删除"。

③ 设置列宽。在 A 列列标上单击，按住【Shift】键单击 Q 列列标选定所有列。在任一列的列标右边框处双击即可使每列都显示全部单元格内容。单击"性别"一列（B列）的任意单元格，在"单元格"组中单击"格式"按钮，在弹出列表中选择"列宽"，打开"列宽"对话框，在列宽处输入 6。

④ 隐藏行或列。选定 E 列和 G 列，在列标上右击，在弹出的快捷菜单中选择"隐藏"。选定 3~10 行以及 12~13 行，在行号上右击，在弹出的快捷菜单中选择"隐藏"。

## 任务 4-4  对工作表进行操作

任务 4-4
操作视频

**任务要求**

打开素材文件 4.xlsx，做如下操作。

① 在所有工作表的最后复制工作表 Sheet1，新的工作表命名为"病案首页备份"。

② 对病案首页备份表的第一列进行保护，允许进行单元格的选定和格式设置操作，并设置取消保护时使用的密码为"mima"。

③ 将病案首页备份表再单独保存为一个工作簿，并取消工作表保护。

④ 在原工作簿中隐藏病案首页备份工作表。

**操作步骤**

① 复制工作表。在工作表 Sheet1 的标签上右击，在快捷菜单上选择"移动或复制"，勾选"建立副本"，并单击"（移至最后）"，则在工作指标标签区域最右侧出现新的工作表 Sheet1(2)。双击该工作表标签，输入"病案首页备份"。

② 保护单元格区域。在工作表"病案首页备份"中，按【Ctrl+A】组合键选定整个工作表区域，在"开始"功能区"单元格"组中单击"格式"按钮并选择"设置单元格格式"，在"设置单元格格式"对话框"保护"选项卡中取消勾选"锁定"。再选定第一列，在"设置单元格格式"对话框"保护"选项卡中勾选"锁定"。在"审阅"功能区"更改"组中单击"保护工作表"按钮，打开"保护工作表"对话框，勾选允许进行的前 3 个操作。在密码框中输入取消保护时使用的密码 mima，如图 4-6 所示。

③ 在"病案首页备份"工作表标签上单击右键选择"移动或复制"，在"工作簿"下拉列表中选择"(新工作簿)"，并勾选"建立副本"项，如图 4-7 所示。

④ 在新创建的工作簿中，在"审阅"功能区"更改"组中单击"撤销工作表保护"按钮，在打开的对话框中输入密码 mima，即可取消工作表保护。

⑤ 返回 4.xlsx 工作簿，在"病案首页备份"工作表的标签上右击，选择"隐藏"。

图 4-6 "保护工作表"对话框

图 4-7 将工作表复制到新工作簿中

任务 4-5 格式化单元格

**任务要求**

任务 4-5 操作视频

打开素材文件 4.xlsx，做如下操作，完成后工作表的部分内容如图 4-8 所示。

① 数据表标题单元格的文本设置为白色、12 号字、加粗、居中对齐，填充深蓝色。

② 参考图 4-8 设置住院费用、药费、入院时间和出院时间的格式，实验室指标的数值显示 2 位小数。

③ 所有列均水平、垂直居中对齐；减小实验室指标列的宽度，使标题内容在计量单位处自动换行；其他列自动调整列宽；非标题行均设为 28 像素高。

④ 为所有单元格添加黑色边框。

⑤ 对总胆固醇≥5.18mmol/L 的单元格填充黄色、字体加粗。

⑥ 利用橙色数据条显示住院费用。

| | A | B | C | D | E | F | G | H | I | J | K | L | M | N | O | P | Q |
|---|---|---|---|---|---|---|---|---|---|---|---|---|---|---|---|---|---|
| 1 | 病案号 | 性别 | 出生日期 | 住院次数 | 入院时间 | 入院途径 | 出院时间 | 住院天数 | 主要诊断 | 总胆固醇(mmol/L) | 高密度脂蛋白(mmol/L) | 甘油三酯(mg/dL) | 重症监护室 | 使用呼吸机 | 离院方式 | 住院费用 | 药费 |
| 2 | 0037459 | 女 | 1939-01-22 | 20 | 2014/02/09 | 门诊 | 2014/02/23 | 14 | 腰椎间盘突出 | 3.34 | 1.65 | 108.85 | 否 | 否 | 出院 | ￥ 5,074.91 | ￥ 2,263.94 |
| 3 | 0056107 | 女 | 1936-07-25 | 4 | 2014/08/20 | 急诊 | 2014/08/28 | 8 | 心肌梗死 | 3.58 | 1.67 | 107.96 | 是 | 否 | 出院 | ￥ 10,813.63 | ￥ 3,078.55 |
| 4 | 0076088 | 女 | 1937-09-30 | 6 | 2014/08/03 | 门诊 | 2014/08/07 | 5 | 心绞痛 | 3.90 | 1.67 | 107.08 | 是 | / | 出院 | ￥ 98,588.29 | ￥ 7,803.76 |
| 5 | 0102028 | 女 | 1949-05-13 | 9 | 2014/09/11 | 急诊 | 2014/09/19 | 8 | 肺炎 | 5.44 | 1.82 | 89.38 | 否 | 否 | 出院 | ￥ 12,916.47 | ￥ 8,046.62 |
| 6 | 0137983 | 女 | 1946-12-05 | 3 | 2014/01/14 | 门诊 | 2014/01/19 | 5 | 腰椎间盘突出 | 4.81 | 1.79 | 104.42 | 否 | 否 | 出院 | ￥ 1,237.58 | ￥ 170.31 |
| 7 | 0156922 | 女 | 1951-05-24 | 3 | 2014/08/26 | 门诊 | 2014/09/12 | 17 | 心肌梗死 | 3.41 | 1.93 | 51.33 | 是 | 否 | 出院 | ￥ 35,348.08 | ￥ 16,312.35 |
| 8 | 0174127 | 女 | 1929-12-13 | 4 | 2014/01/19 | 门诊 | 2014/01/24 | 5 | 心绞痛 | 4.53 | 1.86 | 55.75 | 否 | 否 | 出院 | ￥ 12,084.06 | ￥ 3,978.61 |
| 9 | 0191955 | 女 | 1953-07-23 | 9 | 2014/03/07 | 门诊 | 2014/03/18 | 11 | 糖尿病 | 5.18 | 1.69 | 217.70 | 否 | 否 | 出院 | ￥ 13,654.36 | ￥ 6,042.75 |
| 10 | 0194081 | 男 | 1932-03-25 | 8 | 2014/03/18 | 门诊 | 2014/04/02 | 15 | 糖尿病 | 6.56 | 1.72 | 115.04 | 否 | 否 | 出院 | ￥ 10,083.11 | ￥ 1,322.59 |

图 4-8 完成任务 4-5 后的结果

**操作步骤**

① 设置标题单元格格式。选定单元格区域 A1:Q1，利用"字体"组和"对齐"组中的按钮 **B**、**A**、11、、设置文本的加粗、颜色、字号、填充和对齐。

② 设置数字格式。选定 P 列和 Q 列，在"开始"功能区"数字"组中单击"会计数字格式"按钮。选定 E 列和 G 列，右击，选择"设置单元格格式"，打开"设置单元格格式"对话框"数字"选项卡，在"分类"中选择"自定义"，参考图 4-9 设置日期格式；选定 J~L 列，单击"数字"组的扩展按钮，在"设置单元格格式"对话框"数字"

选项卡中选择"数值"并设置小数位数为2。

图 4-9　自定义单元格格式

③ 调整行和列。选定第 2~601 行，拖动行号边框直至显示高度为 28 像素。选定 J~L 列，单击"开始"功能区"对齐方式"组的扩展按钮，打开"设置单元格格式"对话框"对齐"选项卡，勾选"自动换行"。选定整个工作表，在任意列标的边框上双击，调整为自动列宽。在"开始"功能区"对齐方式"组中单击"垂直居中"按钮 ≡ 和"居中"按钮 ≡。

④ 添加边框。在数据区域任意位置单击，然后按【Ctrl+A】组合键选定整个数据区域。在"字体"组中单击框线下拉按钮 ⊞ ，在弹出列表中选择"所有框线"。

⑤ 新建条件格式。选定单元格区域 J2:J601，在"样式"组中单击"条件格式"按钮，在弹出列表中选择"新建规则"，打开"新建格式规则"对话框，参照图 4-10 设置条件。单击"格式"按钮，在"设置单元格格式"对话框，在"字体"选项卡中选择字形为加粗，在"填充"选项卡中选择黄色，如图 4-11 所示。

图 4-10　新建条件格式的规则

图 4-11　设置新建规则的格式

⑥ 应用条件格式。选定 P 列，在"样式"组中单击"条件格式"|"数据条"，单击橙色数据条颜色块。

### 任务 4-6　将工作表打印为 PDF 文件

**任务要求**

任务 4-6
操作视频

打开素材文件 4.xlsx，将工作表打印为 4-6.PDF 文件，完成后 PDF 文件的前两页如图 4-12 所示。

① 打印前 100 条患者的记录，每 50 条记录为一页。

② 每一页上均打印列标题和病案号，且先打印完整的行再打印后面的列。

③ 打印的表格位于页面水平正中。

④ 消除一页中可能出现的孤列情形。

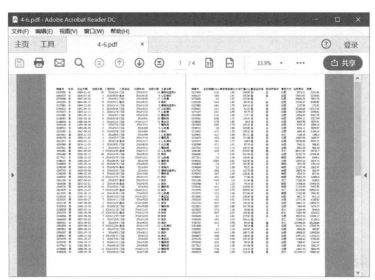

图 4-12　完成任务 4-6 后的部分结果

**操作步骤**

① 设置打印区域。在行号 1 上单击，然后按住【Shift】键在行号 101 上单击，选定第 1~101 行。在"页面布局"功能区"页面设置"组中单击"打印区域"按钮，在弹出列表中选择"设置打印区域"。

② 手工分页。在"视图"功能区"工作簿视图"组中单击"分页预览"按钮进入分页预览视图。选定第 52 行，在"页面布局"功能区"页面设置"组中单击"分隔符"按钮，在弹出列表中选择"插入分页符"。

③ 设置打印标题和顺序。在"页面布局"功能区"页面设置"组中单击"打印标题"按钮，打开"页面设置"对话框"工作表"选项卡。在"顶端标题行"框内单击后在工作表中单击行号 1，在"左端标题列"框内单击后在工作表中单击列标 A。在"打印顺序"区域勾选"先行后列"。

④ 设置表格位置。在"页面设置"对话框"页边距"选项卡中勾选居中方式"水平"。

⑤ 打印设置及打印。单击"文件"|"打印"，在打印机中选择 Microsoft Print to PDF。

在打印预览面板中，单击右下角的"显示边距"按钮 ⊞，拖动页面顶端的黑色实心方块调整页边距和列宽（如图 4-13 顶端的光标 ✛），使一页上不出现孤列。单击"打印"按钮，在"打印输出另存为"对话框中输入文件名 4-6。

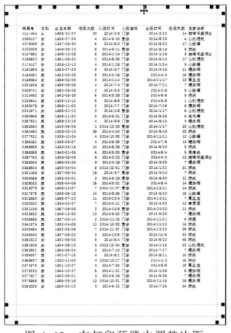

图 4-13　在打印预览中调整边距

## 任务 4-7　利用公式进行计算

 **任务要求**

任务 4-7
操作视频

打开素材文件 4.xlsx，做如下操作，完成后工作表的部分内容如图 4-14 所示。

① 在数据表最右列中计算每个患者的日均住院费用（货币样式，显示 2 位小数）。

② 在数据表最右列中计算"药占比"（百分数，显示 1 位小数）。

③ 在数据表最右侧两列中分别用公式计算患者总胆固醇是否异常（≥5.18mmol/L）以及甘油三酯是否异常（≥150mg/dL），用逻辑值 TRUE 表示异常、FALSE 表示不异常。

| | J | K | L | M | N | O | P | Q | R | S | T | U | V | W |
|---|---|---|---|---|---|---|---|---|---|---|---|---|---|---|
| 1 | 总胆固醇(mm | 高密度脂蛋白 | 甘油三酯(mg | 重症监护室 | | 使用呼吸机 | 离院方式 | 住院费用 | 药费 | 日均住院费用 | 药占比 | 总胆固醇 | 甘油三酯异常 | | |
| 2 | 3.34 | 1.65 | 108.85 | 否 | | 否 | 出院 | 5074.91 | 2263.94 | ¥ 362.49 | 44.6% | FALSE | FALSE | 5.18 | 150 |
| 3 | 3.58 | 1.67 | 107.96 | 是 | | 否 | 出院 | 10813.63 | 3078.55 | ¥ 1,351.70 | 28.5% | FALSE | FALSE | | |
| 4 | 3.9 | 1.67 | 107.08 | 是 | | / | 出院 | 98588.29 | 7803.76 | ¥ 5,799.31 | 7.9% | FALSE | FALSE | | |
| 5 | 5.44 | 1.82 | 89.38 | 否 | | 否 | 出院 | 12916.47 | 8046.62 | ¥ 1,614.56 | 62.3% | TRUE | FALSE | | |
| 6 | 4.81 | 1.79 | 104.42 | 否 | | 否 | 出院 | 1237.58 | 170.31 | ¥ 247.52 | 13.8% | FALSE | FALSE | | |
| 7 | 3.41 | 1.93 | 51.33 | 是 | | 否 | 出院 | 35348.08 | 16312.35 | ¥ 2,079.30 | 46.1% | FALSE | FALSE | | |
| 8 | 4.53 | 1.85 | 55.75 | 否 | | 否 | 出院 | 12084.06 | 3978.61 | ¥ 2,416.81 | 32.9% | FALSE | FALSE | | |
| 9 | 5.18 | 1.69 | 217.7 | 否 | | 否 | 出院 | 13654.36 | 6042.75 | ¥ 1,241.31 | 44.3% | TRUE | TRUE | | |
| 10 | 6.56 | 1.72 | 115.04 | 否 | | 否 | 出院 | 10083.11 | 1322.59 | ¥ 672.21 | 13.1% | TRUE | FALSE | | |
| 11 | 2.76 | 1.83 | 64.6 | 否 | | 否 | 出院 | 9405.58 | 3979.61 | ¥ 723.51 | 42.3% | FALSE | FALSE | | |
| 12 | 5.65 | 1.75 | 105.31 | 否 | | 否 | 出院 | 5378.16 | 1585.24 | ¥ 768.31 | 29.5% | TRUE | FALSE | | |

Sheet1　Sheet2　⊕

图 4-14　完成任务 4-7 后的结果

**操作步骤**

① 计算日均住院费用。在 R1 单元格中输入"日均住院费用"。在 R2 单元格中输入"=P2/H2",在"开始"功能区"数字"组中单击"会计数字格式"按钮,此时默认显示 2 位小数。双击 R2 单元格的填充柄,则将 R2 单元格的内容复制到单元格区域 R3:R601,适当调整列宽以显示全部内容。

② 计算药占比。在 S1 单元格中输入"药占比"。在 S2 单元格中输入"=Q2/P2",在"开始"功能区"数字"组中单击"百分比样式"按钮,再单击"增加小数位数"按钮显示 1 位小数。向下复制 S2 单元格的内容至单元格区域 S3:S601。

③ 计算总胆固醇及甘油三酯是否异常。在 T1 和 U1 单元格中分别输入"总胆固醇异常"和"甘油三酯异常",在 V2 和 W2 单元格中分别输入这两个指标异常的界限 5.18 和 150。在 T2 单元格中输入"=J2>=V$2"(满足该条件则返回值 TRUE,即异常),在 U2 单元格中输入"=L2>=W$2"。选定 T2 和 U2 单元格,双击填充柄向下复制单元格区域 T2:U2 的内容至单元格区域 T3:U601。

## 任务 4-8 利用函数进行计算

**任务要求**

任务 4-8
操作视频

打开素材文件 4.xlsx,做如下操作,新生成的列如图 4-15 中选定部分所示。

① 生成新列"血脂异常",总胆固醇、高密度脂蛋白或甘油三酯中有一项异常(总胆固醇≥5.18 mmol/L、高密度脂蛋白≤1.04mmol/L、甘油三酯≥150mg/dL)即认为血脂异常,并用 1 表示异常、0 表示正常。

② 生成新列,计算总胆固醇(mmol/L)异常的等级,即<5.18 为正常,5.18～6.18 为轻度异常,6.19～7.76 为中度异常,≥7.77 为重度异常。

③ 在第一行上方插入一空行,在"血脂异常"列和"总胆固醇异常"列的第一个的单元格显示血脂异常及总胆固醇正常的人数。

④ 在新列中用函数拼接病案号和住院次数,中间用减号"-"连接。

| | H | I | J | K | L | M | N | O | P | Q | R | S | T | U |
|---|---|---|---|---|---|---|---|---|---|---|---|---|---|---|
| 1 | | | | | | | | | | | 318 | 518 | | |
| 2 | 住院天数 | 主要诊断 | 总胆固醇(mmo | 高密度脂蛋白 | 甘油三酯(mg | 重症监护室 | 使用呼吸机 | 离院方式 | 住院费用 | 药费 | 血脂异常 | 总胆固醇异常 | 新病案号 | |
| 3 | 14 | 腰椎间盘突出 | 3.34 | 1.65 | 108.85 | 否 | | 出院 | 5074.91 | 2263.94 | 0 | 正常 | 0037459-20 | |
| 4 | 8 | 心肌梗死 | 3.58 | 1.67 | 107.96 | 否 | | 出院 | 10813.63 | 3078.55 | 0 | 正常 | 0056107-4 | |
| 5 | 17 | 心绞痛 | 3.9 | 1.67 | 107.08 | 是 | / | 出院 | 98588.29 | 7803.76 | 0 | 正常 | 0076088-6 | |
| 6 | 5 | 肺炎 | 5.44 | 1.82 | 89.38 | 否 | 否 | 出院 | 12916.47 | 8046.62 | 1 | 轻度异常 | 0102028-8 | |
| 7 | 5 | 腰椎间盘突出 | 4.81 | 1.79 | 104.42 | 否 | 否 | 出院 | 1237.58 | 170.31 | 0 | 正常 | 0137933-9 | |
| 8 | 17 | 心肌梗死 | 3.41 | 1.93 | 51.33 | 是 | 否 | 出院 | 35348.08 | 16312.35 | 0 | 正常 | 0156922-3 | |
| 9 | 5 | 心绞痛 | 4.53 | 1.85 | 55.75 | 否 | 否 | 出院 | 12084.06 | 3978.61 | 0 | 正常 | 0174127-4 | |
| 10 | 11 | 糖尿病 | 5.18 | 1.69 | 217.7 | 否 | 否 | 出院 | 13654.36 | 6042.75 | 1 | 轻度异常 | 0191955-9 | |
| 11 | 15 | 糖尿病 | 6.56 | 1.72 | 115.04 | 否 | 否 | 出院 | 10083.11 | 1322.59 | 1 | 中度异常 | 0194081-8 | |
| 12 | 12 | 高血压 | 2.76 | 1.83 | 64.6 | 否 | 否 | 出院 | 9405.58 | 3979.61 | 0 | 正常 | 0198094-3 | |

图 4-15 完成任务 4-8 后的结果

**操作步骤**

① 生成"血脂异常"列。在 R1 单元格中输入"血脂异常"。在 R2 单元格中输入"=IF(OR(J2>=5.18, K2<=1.04, L2>=150), 1, 0)",并将 R2 单元格的内容复制到单元格区域 R3:R601。

② 使用嵌套的 IF() 函数。在 S1 单元格中输入"总胆固醇异常"。在 S2 单元格中输入"=IF(J2<5.18, "正常", IF(J2<=6.18, "轻度异常", IF(J2<=7.76, "中度异常", "重度异常")))"，并将 S2 单元格的内容复制到单元格区域 S3:S601。

③ 统计人数。右击行号 1，在快捷菜单中选择"插入"插入一空行。单击 R1 单元格后在"编辑"组中单击"自动求和"按钮，在 SUM 函数后的括号中输入 R3:R602，所得结果即血脂异常的人数。单击 S1 单元格，在"公式"功能区"函数库"组中单击"其他函数"按钮，选择"统计"|"COUNTIF"，打开 COUNTIF 的"函数参数"对话框。参照图 4-16 所示设置范围是 S3:S602，条件是"正常"。

图 4-16　使用 COUNTIF 函数

④ 连接单元格内容。在 T2 单元格中输入"新病案号"。单击 T3 单元格，在"公式"功能区"函数库"组中单击"文本"按钮，选择"CONCATENATE"，打开 CONCATENATE 的"函数参数"对话框。参照图 4-17 所示设置范围拼接的内容分别是 A3 单元格内容、"-"和 D3 单元格内容。将 T3 单元格的内容复制到单元格区域 T4:T602。

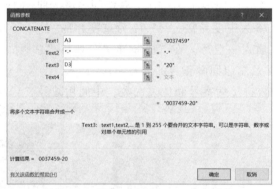

图 4-17　使用 CONCATENATE 函数

## 任务 4-9　利用筛选功能进行数据清理

任务要求

打开素材文件 4.xlsx，做如下操作，完成后新工作表的部分内容如图 4-18 所示。

① 筛选出住院费用小于 1000 元或大于 10 万元的患者记录。

任务 4-9
操作视频

② 筛选出住院费用大于 5 万元但没有使用呼吸机的患者记录。

③ 筛选出主要诊断为高血压或糖尿病、住院天数在 11~20 天之内的患者记录，并复制到新的工作表中。

| | A | B | C | D | E | F | G | H | I | J | K | L | M | N | O | P | Q |
|---|---|---|---|---|---|---|---|---|---|---|---|---|---|---|---|---|---|
| 1 | 主要诊断 | 住院天数 | 住院天数 | | | | | | | | | | | | | | |
| 2 | 高血压 | >=11 | <=20 | | | | | | | | | | | | | | |
| 3 | 糖尿病 | >=11 | <=20 | | | | | | | | | | | | | | |
| 4 | | | | | | | | | | | | | | | | | |
| 6 | 病案号 | 性别 | 出生日期 | 住院次数 | 入院时间 | 入院途径 | 出院时间 | 住院天数 | 主要诊断 | 总胆固醇 | 高密度脂 | 甘油三酯 | 重症监护 | 使用呼吸 | 离院方式 | 住院费用 | 药费 |
| 7 | 0191955 | 女 | 1953-07-2 | 9 | 2014/3/7 | 门诊 | 2014/3/18 | 11 | 糖尿病 | 5.18 | 1.69 | 217.7 | 否 | 否 | 出院 | 13654.36 | 6042.75 |
| 8 | 0194081 | 男 | 1932-03-2 | 8 | 2014/3/18 | 门诊 | 2014/4/2 | 15 | 糖尿病 | 6.56 | 1.72 | 115.04 | 否 | 否 | 出院 | 10083.11 | 1322.59 |
| 9 | 0198094 | 女 | 1958-09-0 | 3 | 2014/11/4 | 门诊 | 2014/11/17 | 13 | 高血压 | 2.76 | 1.83 | 64.6 | 否 | 否 | 出院 | 9405.58 | 3979.61 |
| 10 | 0288181 | 男 | 1936-03-0 | 4 | 2014/6/25 | 门诊 | 2014/7/8 | 13 | 高血压 | 12.82 | 0.91 | 220.35 | 否 | 否 | 出院 | 10229.19 | 2929.33 |
| 11 | 0305032 | 男 | 1938-04-0 | 15 | 2014/5/21 | 门诊 | 2014/6/4 | 14 | 糖尿病 | 4.32 | 1.20 | 115.04 | 否 | 否 | 转院 | 11334.99 | 4491.85 |
| 12 | 0374376 | 女 | 1931-10-2 | 3 | 2014/7/24 | 门诊 | 2014/8/8 | 15 | 高血压 | 3.28 | 0.99 | 197.35 | 否 | 否 | 出院 | 14389.42 | 6705.06 |
| 13 | 0378988 | 男 | 1958-05-1 | 12 | 2014/10/31 | 门诊 | 2014/11/19 | 19 | 糖尿病 | 7.36 | 1.19 | 114.16 | 否 | 否 | 出院 | 13657.03 | 5800.55 |
| 14 | 0389784 | 女 | 1951-07-2 | 2 | 2014/5/20 | 门诊 | 2014/6/5 | 16 | 糖尿病 | 4.21 | 1.19 | 132.74 | 否 | 否 | 出院 | 10673.96 | 4359.06 |

Sheet1  Sheet3  Sheet2

图 4-18　完成任务 4-9 后的结果

**操作步骤**

① 单列筛选。在"数据"功能区"排序和筛选"组中单击"筛选"按钮，在工作表标题单元格旁显示自动筛选按钮。单击住院费用标题单元格 P1 的筛选按钮，在弹出列表中选择"数据筛选"|"自定义筛选"，打开"自定义自动筛选方式"对话框，参照图 4-19 设置筛选参数，筛选出 13 条住院费用小于 1000 元或大于 10 万元的患者记录。

② 多列筛选。单击 P1 单元格（住院费用）的筛选按钮，在弹出列表中选择"数据筛选"|"大于"，打开"自定义自动筛选方式"对话框，参照图 4-20 设置筛选参数，筛选出 81 条住院费用大于 5 万元的患者记录。单击 N1 单元格（使用呼吸机）的筛选按钮，在弹出列表中只勾选"否"，筛选出 31 条住院费用大于 5 万元但没有使用呼吸机的患者记录。

③ 取消自动筛选状态。在"数据"功能区"排序和筛选"组中单击"筛选"按钮。

④ 高级筛选。单击工作表标签栏中"新工作表"按钮 ⊕，新建工作表如 Sheet3。在 Sheet3 工作表单元格区域 A1:C3 中输入筛选条件，如图 4-18 中左上角所示。在离筛选条件区域稍远的任意单元格（如 A6）单击，在"数据"功能区"排序和筛选"组中单击"高级"按钮，打开"高级筛选"对话框。参照图 4-21 设置参数，筛选出 28 条主要诊断为高血压或糖尿病、住院天数在 11~20 天之内的患者记录。

图 4-19　设置两个筛选条件

图 4-20　设置一个筛选条件

图 4-21　设置高级筛选参数

### 任务 4-10　创建数据透视表

**任务要求**

打开素材文件 4.xlsx，做如下操作，完成后结果如图 4-22 所示。

任务 4-10 操作视频

① 制作数据透视表，根据性别和入院途径显示不同离院方式患者的人数及平均住院天数。

② 值字段名称为"患者数"和"平均住院天数"，行、列标签的名称为"入院途径"和"离院方式"。

③ 平均住院天数显示 1 位小数。

④ 不显示离院方式和入院途径中单元格值为"/"或为空的情况。

| 离院方式 | | | | | | | | |
|---|---|---|---|---|---|---|---|---|
| | 出院 | | 死亡 | | 转院 | | 平均住院天数汇总 | 患者数汇总 |
| 入院途径 | 平均住院天数 | 患者数 | 平均住院天数 | 患者数 | 平均住院天数 | 患者数 | | |
| 急诊 | 10.9 | 85 | 13.4 | 10 | 12.0 | 9 | 11.2 | 104 |
| 男 | 11.5 | 56 | 14.2 | 6 | 12.1 | 8 | 11.8 | 70 |
| 女 | 9.7 | 29 | 12.3 | 4 | 11.0 | 1 | 10.0 | 34 |
| 门诊 | 9.8 | 436 | 13.3 | 21 | 10.0 | 32 | 9.9 | 489 |
| 男 | 10.0 | 245 | 10.6 | 13 | 10.3 | 15 | 10.1 | 273 |
| 女 | 9.5 | 191 | 17.6 | 8 | 9.7 | 17 | 9.8 | 216 |
| 总计 | 10.0 | 521 | 13.3 | 31 | 10.4 | 41 | 10.2 | 593 |

图 4-22　完成任务 4-10 后的结果

**操作步骤**

① 创建数据透视表。在数据源区域任意单元格单击，在"插入"功能区"表格"组中单击"数据透视表"按钮，打开"创建数据透视表"对话框，确认"表/区域"为 A1:Q601。单击"确定"按钮后创建新工作表放置数据透视表。

② 设计数据透视表。在"数据透视表字段"面板中，将"入院途径"和"性别"字段拖动到行字段区域，将"离院方式"字段拖动到列字段区域，将"住院天数"和"病案号"字段拖动到值字段区域，如图 4-23 所示。单击"求和项：住院天数"，在弹出列表中选择"值字段设置"，打开"值字段设置"对话框，参照图 4-24 修改自定义名称和计算类型。单击"数字格式"按钮打开"设置单元格格式"对话框，设置数值型、1 位小数。

图 4-23　数据透视表字段面板

图 4-24　修改值字段的设置

③ 修改各字段的标签。在 C5 单元格中输入"患者数"，E5 和 G5 单元格的内容自动改变。在 A5 单元格中输入"入院途径"，B3 单元格中输入"离院方式"。

④ 筛选数据透视表内容。单击行标签 A5 单元格旁的筛选按钮，在"选择字段"中依次选择"入院途径"和"性别"，并分别取消勾选"/"。单击列标签 B3 单元格的筛选按钮，取消勾选"/"。

## 任务 4-11 创建和编辑数据透视图

### 任务要求

打开素材文件 4.xlsx，做如下操作，完成后的数据透视图如图 4-25 所示。

任务 4-11
操作视频

① 生成一个新列，获得入院日期中的月份。

② 创建数据透视图，显示不同月份、不同疾病住院患者的人数，仅显示人数排名前 5 位的疾病。

③ 参考图 4-25 对图表进行设置，包括图标样式（样式 7）、数据系列分类间距（90%）和坐标轴标题。

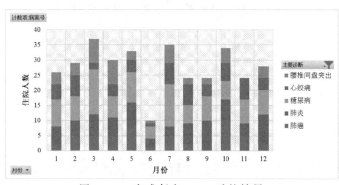

图 4-25 完成任务 4-11 后的结果

### 操作步骤

① 计算入院月份。在 R1 单元格中输入"月份"。在 R2 单元格中输入"=month(E2)"，并把其内容复制到单元格区域 E3:E601。

② 创建数据透视图。在数据源区域任意位置单击，然后在"插入"功能区"图表"组中单击"数据透视图"按钮，在"创建数据透视图"对话框中确认数据源的范围和数据透视图的位置。在"数据透视图字段"面板中，将"月份"、"主要疾病"和"病案号"字段分别调入到轴（类别）、图例（系列）和值区域，如图 4-26 所示。

③ 修改数据透视图设计。进入"数据透视图工具"|"设计"功能区，在"类型"组中单击"更改图表类型"按钮并选择"柱形图"中的"堆积柱形图"，在"图表样式"组中单击"样式 7"，在"图表布局"组中单击"添加图表元素"按钮，依次选择"轴标题"|"主要横坐标轴"和"主要纵坐标轴"，将图中的坐标轴标题分别改为"月份"和"住院人数"。

④ 修改数据透视图格式。在数据透视图中的任意数据系列上单击，然后在"数据

透视图工具"|"格式"功能区"当前所选内容"组中单击"设置所选内容格式"按钮，显示"设置数据系列格式"面板。在系列选项区域的分类间距处调整百分比为 90%，如图 4-27 所示。

图 4-26　数据透视图字段面板

图 4-27　设置数据系列格式面板

⑤　筛选数据透视图内容。单击数据透视图中数据系列字段"主要诊断"按钮，在弹出菜单中选择"值筛选"|"前 10 项"，在"前 10 个筛选"对话框中将 10 改为 5，如图 4-28 所示。

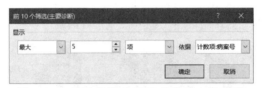

图 4-28　显示住院人数最多的前 5 种疾病

## 二、扩展练习

### 扩展练习 4-1　制作学生成绩统计表

 任务要求

打开素材文件 k4-1.csv，利用函数和公式完成以下要求，最后结果如图 4-29 所示。

① 在第一行数据上方插入一行，合并居中单元格后输入表格大标题"学生成绩统计"，字号为 14，行高调整为 44 像素。

② 保护原始成绩区域，只允许进行选定和设置行列及单元格格式操作。

③ 设置单元格格式：所有单元格水平及垂直居中对齐，外框为黑色粗线，学生成绩区域的上下边框均为双框线；利用条件格式以红色加粗显示每门课程不及格的分数；原始数据区域填充浅灰色。

④ 计算每名学生的总分和平均分（显示 1 位小数），按总分从高到低确定名次，并生成成绩等级（前 20% 为优等、后 20% 为末等，其余为中等）。

⑤ 计算各科的最高分、平均分（显示 1 位小数）和及格率。

扩展练习 4-1
操作视频

⑥ 将数据文件另存为 Excel 工作簿文件 k4-1.xlsx。

| 学号 | 计算机基础 | 数据库原理 | C语言 | 数据结构 | 计算机网络 | 总分 | 平均分 | 名次 | 等级 |
|---|---|---|---|---|---|---|---|---|---|
| | | | | 学生成绩统计 | | | | | |
| JSJ0001 | 56 | 93 | 57 | 97 | 91 | 394 | 78.8 | 12 | 中等 |
| JSJ0002 | 78 | 78 | 67 | 92 | 100 | 415 | 83.0 | 8 | 中等 |
| JSJ0003 | 92 | 96 | 94 | 84 | 72 | 438 | 87.6 | 4 | 优等 |
| JSJ0004 | 60 | 89 | 65 | 83 | 81 | 378 | 75.6 | 14 | 中等 |
| JSJ0005 | 58 | 81 | 97 | 68 | 91 | 395 | 79.0 | 11 | 中等 |
| JSJ0006 | 64 | 99 | 61 | 80 | 67 | 371 | 74.2 | 16 | 中等 |
| JSJ0007 | 87 | 88 | 76 | 84 | 81 | 416 | 83.2 | 7 | 中等 |
| JSJ0008 | 79 | 91 | 83 | 67 | 60 | 380 | 76.0 | 13 | 中等 |
| JSJ0009 | 78 | 83 | 93 | 94 | 100 | 448 | 89.6 | 2 | 优等 |
| JSJ0010 | 74 | 95 | 55 | 64 | 67 | 355 | 71.0 | 20 | 末等 |
| JSJ0011 | 80 | 80 | 88 | 84 | 91 | 423 | 84.6 | 5 | 中等 |
| JSJ0012 | 91 | 67 | 77 | 74 | 67 | 376 | 75.2 | 15 | 中等 |
| JSJ0013 | 85 | 92 | 56 | 59 | 77 | 369 | 73.8 | 18 | 末等 |
| JSJ0014 | 77 | 57 | 78 | 63 | 89 | 364 | 72.8 | 19 | 末等 |
| JSJ0015 | 90 | 59 | 81 | 79 | 91 | 400 | 80.0 | 10 | 中等 |
| JSJ0016 | 92 | 79 | 60 | 100 | 77 | 408 | 81.6 | 9 | 中等 |
| JSJ0017 | 68 | 73 | 91 | 55 | 83 | 370 | 74.0 | 17 | 末等 |
| JSJ0018 | 98 | 98 | 87 | 64 | 98 | 445 | 89.0 | 3 | 优等 |
| JSJ0019 | 65 | 76 | 94 | 90 | 94 | 419 | 83.8 | 6 | 中等 |
| JSJ0020 | 88 | 92 | 91 | 100 | 84 | 455 | 91.0 | 1 | 优等 |
| 最高分 | 98 | 99 | 97 | 100 | 100 | | | | |
| 平均分 | 78 | 83.3 | 77.55 | 79.05 | 83.05 | | | | |
| 及格率 | 90% | 90% | 85% | 90% | 100% | | | | |

图 4-29　完成扩展练习 4-1 后的结果

### 操作步骤

① 打开文本文件中的数据。启动 Excel，在"最近使用的文档"最下方单击"打开其他工作簿"，双击"这台电脑"，在"打开"对话框中的文件类型出选择"文本文件"，找到文件 k4-1.csv 并打开。

② 创建标题行。在行号 1 上右击，选择"插入"，在第一行上方插入一空行。选定单元格区域 A1:J1，在"开始"选项卡"对齐方式"组中单击"合并后居中"按钮，并输入"学生成绩统计"，字号设为 14；拖动行号 1 的下边框直至显示高度为 44 像素。

③ 保护工作表。单击工作表左上角的全选按钮选定整个工作表，右击，选择"设置单元格格式"，在"保护"选项卡中取消勾选"锁定"；选定需要保护的原始成绩数据区域，再次打开"设置单元格格式"对话框"保护"选项卡，勾选"锁定"。在"审阅"功能区"更改"组中单击"保护工作表"按钮，勾选相应操作，如图 4-30 所示，并设置取消保护时的密码。

④ 设置数据区域格式。

图 4-30　"保护工作表"对话框

- 选定表格大标题以外的整个数据区域，在"开始"功能区"对齐方式"组中单击"居中"和"垂直居中"按钮。
- 在"字体"组中单击边框按钮选择"粗外侧框线"，分别选定标题行和最后一行成绩所在行，并在边框中选择"双底框线"。
- 选定整个原始成绩区域，在"对齐方式"组中单击"填充颜色"按钮后选择浅灰色。
- 在"样式"组中单击"条件格式"|"突出显示单元格规则"|"小于"，在数值区域输入 60，在"设置为"后的下拉列表框中选择"自定义格式"，如图 4-31 所示，在"设置单元格格式"对话框汇总设置加粗和红色。

⑤ 使用函数计算单元格的值。

- 求个人总分及平均分。单击 G3 单元格，在"公式"功能区"函数库"组中单击 "数学和三角函数"按钮，选择 SUM()函数，确定求和区域为 B3:F3；单击 H3 单元格，在"函数库"组中单击"其他函数"按钮，选择"统计"|AVERAGE，确定求平均数的区域仍为 B3:F3；将 G3 和 H3 单元格中的公式复制到单元格区域 G4:H22；选定单元格区域 H3:H22，在"开始"功能区"数字"组中单击"增加和减少小数位数"按钮，使平均分显示一位小数。

- 求个人排名。单击 I3 单元格，在"公式"功能区"函数库"组中单击"其他函数"按钮，选择"统计"|RANK.AVG，参考图 4-32 输入参数求排名，并将 I3 单元格的公式复制到 I4:I22 单元格区域。

图 4-31　自定义条件格式　　　　　　图 4-32　使用 RANK.AVG 函数

- 求成绩等级。先求出学生人数以方便后续计算，即在数据区域外任意单元格（如 L3 单元格）单击，输入公式=COUNTA(A3:A22)；单击 J3 单元格，输入公式 =IF(I3<=$L$3*0.2,"优等", IF(I3>$L$3*0.8,"末等","中等"))，并将 J3 单元格的公式复制到 J4:J22 单元格区域；

- 求所有人的最高分、平均分和及格率。单击 B23 单元格，在"公式"功能区"函数库"组中单击"其他函数"按钮，选择"统计"|MAX，确定数据区域为 B3:B22；单击 B24 单元格，在"函数库"组中单击"其他函数"按钮，选择"统计"|AVERAGE，确定数据区域为 B3:B22；单击 B25 单元格，输入公式=COUNTIF(B3:B22,">=60")/ $L$3，单击"开始"功能区"数字"组中的"百分比样式"按钮。

⑥ 保存文件。单击"文件"|"另存为"，将文件保存为 Excel 工作簿格式。

## 扩展练习4-2　快速查询学生成绩

（任务要求）

扩展练习4-2
操作视频

打开素材文件 k4-2.xlsx，建立一个学生成绩查询区域，输入学号时在对应单元格显示该学生的各科成绩及平均分，并利用柱形图显示该学生成绩，最后结果如图 4-33 所示。

① 新建工作表"成绩查询表"，在该工作表中搭建查询结果区域即单元格区域 A1:B9。

② 对查询结果区域进行格式化，包括边框、对齐、填充、字体颜色等、数字格式。

③ 对输入的待查询学号进行数据验证。

④ 利用 VLOOKUP() 函数查询所输入学生的各科成绩。

⑤ 利用 AVERAGE() 函数计算学生的平均分。

⑥ 利用柱形图显示成绩。

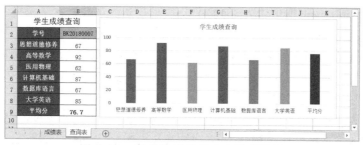

图 4-33　完成扩展练习 4-2 后的结果

**操作步骤**

① 搭建查询结果区域。新建工作表，命名为"查询表"；在"成绩表"工作表中选定查询字段标题区域 A1:G1，按【Ctrl+C】组合键复制到剪贴板；右击"查询表"工作表的 A2 单元格，单击"粘贴选项"中的"转置"按钮，并调整列宽；在 A9 单元格中输入"平均"，将 A1 和 B1 单元格合并居中，输入"学生成绩查询"，设置字号为 14。

② 设置查询结果区域的格式。选定单元格区域 A2:A9，单元格填充蓝色，设置字体加粗、白色，选定 B2 单元格并填充橙色；选定单元格区域 A2:B9，设置水平及垂直居中，在"开始"功能区"字体"组中单击"边框"下拉按钮，在打开的列表中选择"所有框线"；单击 B9 单元格，在"数字"组中单击对话框启动按钮，在"设置单元格格式"对话框中设置数值型、小数位数为 1。

③ 设置数据验证，即输入的待查询学号需来源于成绩表中已有的学号。单击 B2 单元格，在"数据"功能区"数据工具"组中单击"数据验证"按钮，在"允许"下拉列表中选择"序列"，在"来源"下方的文本框中单击，然后在"成绩表"工作表中选定单元格区域 $A$2:$A$500，如图 4-34 所示。单击 B2 单元格旁的三角按钮，从中任意选择一个学号。

图 4-34　设置查找单元格的数据验证

④ 建立查询结果。切换到"查询表"工作表，单击 B3 单元格，在"公式"功能区"函数库"组中单击"查找与引用"并选择 VLOOKUP 函数。设置函数参数时：

- 在 Lookup_value 框中输入$B$2，表示根据 B2 单元格的内容进行查找。
- 在 Table_array 框中单击后选择"成绩表"工作表的单元格区域 A2:G500，按【F4】键使之成为绝对引用，表示查找的范围。
- 在 Col_index_num 框中输入 ROW(A2)，表示找到的学号所在单元格所在的列序号。
- 在 Range_lookup 框中输入 FALSE 表示进行精确匹配查找，如图 4-35 所示。

将 B3 单元格的公式复制到 B4:B8 单元格区域，即可查询到所输入学号的学生的成绩。

⑤ 计算平均分。单击 B9 单元格，输入"=AVERAGE(B3:B8)"。

⑥ 利用图表展示查询结果。

- 插入图表。选择 A3:B9 单元格区域，在"插入"功能区"图表"组中单击"插入柱形图或条形图"按钮，选择"簇状柱形图"。
- 编辑图标。将图表标题改为"学生成绩查询"，调整图表大小使横轴标题水平显示；单击任意数据系列，在"图表工具—格式"功能区"当前所选内容"组中单击"设置所选内容格式"按钮，打开"设置数据系列格式"面板；在"填充与线条"设置区域勾选"依数据点着色"，如图 4-36 所示。

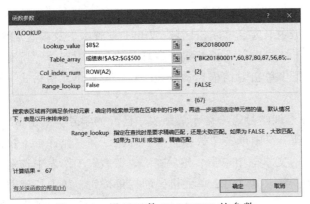

图 4-35　设置函数 VLOOKUP 的参数

图 4-36　数据系列填充色

## 三、自测题

### （一）单选题

1. Excel 2016 默认的工作簿名是（　　）。

    A．Sheet1                                 B．Sheet2

    C．Sheet3                                 D．工作簿 n.xlsx（n 为整数）

2. 在 Excel 中用来存储和处理工作数据的文件称为（　　）。

    A．工作簿       B．工作表            C．图表            D．数据库

3. 在单元格内输入当前系统日期的方法是按（　　）组合键。

A.【Alt+;】　　　　B.【Shift+Tab】　　　　C.【Ctrl+;】　　　　D.【Ctrl+=】

4. 利用"选择性粘贴"对话框不可以完成的操作是（　　　）。

A. 粘贴公式或数值　　　　　　　　B. 粘贴内容或格式

C. 粘贴单元格或批注　　　　　　　D. 粘贴一部分单元格内容

5. 如果要输入邮政编码 020011，应该在单元格中输入（　　　）。

A. "020011"　　　　B. '020011　　　　C. '020011'　　　　D. "020011

6. 在 Excel 单元格中输入（　　　）后，能直接显示为"1/12"。

A. 1/12　　　　B. 0 1/12　　　　C. 1//12　　　　D. 01/12

7. 如果 B4 单元格中有内容，当在 B3 单元格中输入文本时其长度大于单元格宽度时，（　　　）。

A. 超出的部分会丢失

B. 必须增加 B3 单元格的宽度后才能录入

C. B4 单元格中的数据将丢失

D. 超出的部分将不被显示

8. 在单元格中分别输入数值和文本时，默认的对齐方式是（　　　）。

A. 全部左对齐　　　　　　　　　　B. 全部右对齐

C. 分别为左对齐和右对齐　　　　　D. 分别为右对齐和左对齐

9. 要把一个单元格的内容（无公式）复制到一个单元格区域中，可以先按【Ctrl+C】组合键复制该单元格，然后选定要粘贴的区域，最后按（　　　）键。

A.【Enter】　　　　B.【Alt+Enter】　　　　C.【Shift+Enter】　　　　D.【Ctrl+Enter】

10. 在一片连续数据区域内，如果某一列有一些单元格没有内容，则按该列升序排序时，有空白单元格的行将（　　　）。

A. 位于所有数据行的最上面　　　　B. 位于所有数据行的最下面

C. 不参加排序　　　　　　　　　　D. 在原位置不动

11. 在 Excel 工作窗口的编辑栏最左侧有一个名称框，它显示的是当前单元格的（　　　）。

A. 行号　　　　B. 列标　　　　C. 值　　　　D. 名称或地址

12. 在进行公式计算时，如果出现了#VALUE!的错误，其原因是（　　　）。

A. 数字被零除　　　　　　　　　　B. Excel 未识别公式中的文本

C. 数值对函数或公式不可用　　　　D. 使用的参数或操作数类型错误

13. 在进行公式计算时，如果出现了#DIV/0 的错误，其原因是（　　　）。

A. 数字被零除　　　　　　　　　　B. Excel 未识别公式中的文本

C. 数值对函数或公式不可用　　　　D. 使用的参数或操作数类型错误

14. 在进行公式计算时，如果出现了#NAME?的错误，其原因是（　　　）。

A. 数字被零除　　　　　　　　　　B. Excel 未识别公式中的文本

C. 数值对函数或公式不可用　　　　D. 使用的参数或操作数类型错误

15. 在一个单元格内使输入的文本换行的方法是在适当的位置按（　　　）。

A.【Ctrl+Enter】　　B.【Alt+Enter】　　　　C.【Shift+Enter】　　　　D.【Tab+Enter】

16. 如果删除了已经被其他单元格中的公式引用的单元格，则这些公式可能显示为（    ）。

    A. #VALUE!    B. #NUM!    C. #REF!    D. #####

17. 如果要改变工作表中行的上下顺序或列的左右顺序，可以在拖动鼠标的同时按（    ）键。

    A.【Ctrl】    B.【Shift】    C.【Alt】    D.【Tab】

18. 对单元格进行编辑时，下列（    ）方法不能进入编辑状态。

    A. 双击单元格    B. 单击单元格    C. 单击公式栏    D. 按【F2】键

19. 在 Excel 中，下列地址为绝对地址引用的是（    ）。

    A. $D5    B. D$5    C. D5    D. $D$5

20. 产生图表的数据发生变化后，图表（    ）。

    A. 必须进行编辑后才会发生变化    B. 会发生变化，但与数据无关

    C. 不会发生变化    D. 会发生相应的变化

21. 在 Excel 中，若单元格引用随公式所在单元格位置的变化而改变，则称之为（    ）。

    A. 相对引用    B. 绝对地址引用    C. 混合引用    D. 三维引用

22. 设在 A1:A3 单元格区域中的数据分别为数值 1~3，在 B1:B4 单元格区域中的数据分别为数值 14~17。若在 A4 单元格中输入字母 A，则函数（    ）的结果将发生变化。

    A. =SUM(A1:B4)    B. =MAX(A1:B4)

    C. =MIN(A1:B4)    D. =COUNTA(A1:B4)

23. 如果某单元格中的公式为 "=IF("学院">"学校", TRUE, FALSE)"，则其结果为（    ）。

    A. TRUE    B. FALSE    C. 学生    D. 学生会

24. 已知单元格 A1、B1、C1、A2、B2、C2 中分别存放数值 1、2、3、4、5、6，单元格 D1 中存放公式 "=A1+$B$1+C1"，若将单元格 D1 复制到 D2，则 D2 中的结果为（    ）。

    A. 6    B. 12    C. 15    D. #REF!

25. 如果单元格 A1 和 B1 中分别存放数值 12 和 34，在 C1 单元格中存放公式 "=A1&B1"，则 C1 单元格中的结果是（    ）。

    A. 12    B. 34    C. 46    D. 1234

26. 关于行高列宽的调整方法，下列说法中错误的是（    ）。

    A. 不可批量调整

    B. 可以将鼠标指针放在两行行标之间，变成双箭头后，按下鼠标左键拖动调整

    C. 可以在行标上右击，选择行高后，输入数值精确调整

    D. 可以选中多列，在某两列列标中间双击进行批量调整

27. 在 Excel 中，对某列作升序排列的时候，在原列上具有相同数值的行将（    ）。

    A. 重新排序    B. 保持原顺序    C. 逆序排列    D. 排在最后

28. 下列操作中，（    ）操作可能会使单元格的数据验证规则失效。

A. 在该改单元格中输入无效数据 B. 复制该单元格的内容到其他单元格

C. 在改单元格内输入公式 D. 将其他单元格的内容复制到该单元格

29. 利用鼠标拖动的方法生成数值填充序列时，可以生成的序列（ ）。

A. 一定是等差序列 B. 一定是等比序列

C. 可以是等差序列或等比序列 D. 只能填充相同数据

30. 选定单元格区域后按【Delete】键，则（ ）。

A. 彻底删除单元格中的全部内容、格式和批注

B. 只删除单元格的格式，保留其中的内容

C. 只删除单元格的内容，保留单元格的其他属性

D. 只删除单元格的批注

31. 在 Excel 中，工作簿的基本组成元素是（ ）。

A. 工作表 B. 单元格区域 C. 单元格 D. 公式

32. 在 Excel 中，要展示某个学院不同职称教师所占比例，最好选用（ ）。

A. 柱形图 B. 折线图 C. 饼图 D. 散点图

33. 打印 Excel 的工作表时，如果希望在每一页上都保留标题行，应该（ ）。

A. 冻结标题行窗口

B. 在"页面设置"对话框中指定标题行的范围

C. 在工作表中复制标题行的内容

D. 拆分标题行单元格

34. 工作表中有一个连续的矩形单元格区域，当前活动单元格在该区域内，则自动筛选的筛选按钮 的位置是（ ）。

A. 当前活动单元格 B. 当前活动单元格所在行的单元格

C. 工作表第一行所有单元格 D. 该区域第一行的所有单元格

35. 如果将选定单元格（或区域）的内容消除，单元格依然保留，该操作称为（ ）。

A. 重写 B. 清除 C. 改变 D. 删除

36. 如果要将工作表的当前活动单元格直接定位到 A1 单元格，可以按（ ）键。

A.【Home】 B.【Ctrl+Home】 C.【Alt+Home】 D.【Shift+Home】

（二）多选题

1. 如果要输入数值-54，以下输入操作中正确的是（ ）。

A. "-54" B. (-54) C. (54) D. -54

2. 在单元格或编辑栏中直接输入或修改数据后，可以按（ ）键确认。

A.【Enter】 B.【Tab】键 C.【→】 D. 空格

3. 在单元格中输入日期 2018 年 1 月 28 日，正确的输入方法是输入（ ）。

A. 2018-1-28 B. 2018/1/28 C. 28-1-2018 D. 28-Jan-2018

4. 在 Excel 的单元格中能直接输入（ ）常量。

A. 数值型 B. 文本型 C. 日期型 D. 逻辑型

5. 在 Excel 的查找和替换操作中，以下表述不正确的是（ ）。

A. 可以删除与查找内容相匹配的单元格内容

B. 进行查找和替换时均不能考虑单元格内容的格式

C. 只能在某个工作表范围内进行查找和替换

D. 进行匹配时，只能匹配整个单元格内容，不能匹配单元格的部分内容

6. 在 Excel 中，根据工作表中的数据生成了图表后，以下表述正确的是（　　　）。

A. 可以继续向图表中添加新的数据

B. 不能改变原图表的类型

C. 用于生成图表的数据发生变化时，图表不会自动发生变化

D. 可以删除图例、坐标轴标题等图表元素

7. Excel 2016 提供的单元格样式包括单元格的（　　　）格式。

A. 对齐　　　　　　B. 字体　　　　　　C. 边框　　　　　　D. 填充

8. 关于数据透视表的如下说法中，错误的是（　　　）。

A. 数据透视表与图表类似，它会随着数据源的变化自动更新

B. 数据透视表实质上就是将数据源清单重新取舍组合

C. 数据透视表的值区域中的数值型字段总是默认以求和的方式计算

D. 数据透视表的页面布局一经确定就不能修改

9. 对工作表冻结窗格时，下面说法中正确的是（　　　）。

A. 可以冻结表格首行　　　　　　　　B. 可以冻结表格首列

C. 可以冻结任意的行或列　　　　　　D. 不可以同时冻结表格的首行和首列

10. 关于页边距的调整，下列说法中正确的是（　　　）。

A. 在页面布局视图下可以直接利用标尺调整页边距

B. 在"页面设置"对话框中可以调整页边距

C. 打印预览时显示边距，直接拖动边距即可

D. 页边距无法调整，系统会根据工作表文档内容自动调整

11. 下列关于 Excel 2016 的排序功能，说法正确的是（　　　）。

A. 可以按行排序　　　　　　　　　　B. 可以按列排序

C. 最多可以按三个关键字排序　　　　D. 可以按照自定义序列排序

12. 利用 Excel 的选择性粘贴功能，可以粘贴（　　　）。

A. 数值　　　　　　B. 格式　　　　　　C. 批注　　　　　　D. 以上都可以

13. 关于 Excel 2016 的页眉页脚，说法正确的有（　　　）。

A. 可以设置首页不同的页眉页脚　　　B. 可以设置奇偶页不同的页眉页脚

C. 不能随文档一起缩放　　　　　　　D. 可以与页边距对齐

14. 要在大学英语四级成绩表中筛选出成绩在 425 分以上的同学信息，可利用（　　　）功能。

A. 自动筛选　　B. 自定义筛选　　C. 高级筛选　　　　D. 条件格式

15. 关于 Excel 函数的下列说法中，正确的有（　　　）。

A. 函数就是预定义的内置公式　　　　B. 函数必须有参数

C. 函数通常可以嵌套　　　　　　　　D. 可以自定义函数

16. 下列有关 Excel 分类汇总的描述，正确的有（　　　　）。

    A. 分类汇总前必须按分类字段排序

    B. 在一次分类汇总中只能设定一个分类字段

    C. 在一次分类汇总中只能设定一个汇总项

    D. 分类汇总可以被删除或替换

**（三）判断题**

1. 选定多个单元格后，输入任意内容后按【Ctrl+Enter】组合键可使这些单元格具有相同的内容。（　　　）

2. 在 Excel 单元格中不能输入回车符。（　　　）

3. 对数据表作分类汇总前，只需先按任意列排序。（　　　）

4. 可以调整修改工作表中自动分页符的位置，但是不能将其删除。（　　　）

5. 在某一工作表中不能引用其他工作表的单元格地址。（　　　）

6. 将含有公式的单元格复制到新位置后，默认复制的是值。（　　　）

7. 设置打印标题时，只能将工作表的第一行设为打印标题。（　　　）

8. 在 Excel 的单元格中只能显示公式的计算结果，不能显示公式本身。（　　　）

9. 在 Excel 中可以按照单元格填充的颜色进行排序。（　　　）

10. 在 Excel 的分页预览视图下也可以编辑单元格中的内容。（　　　）

11. 在 Excel 中可以将某工作簿的工作表插入到另一个工作簿中。（　　　）

12. 在 Excel 中进行排序时，可以先按笔画数排序。（　　　）

13. 在输入公式时，包含函数的公式可以不用等号开头。（　　　）

14. 在 Excel 中进行查找和替换操作时，可以指定搜索的范围是选定的单元格区域。（　　　）

15. 在进行分类汇总时，不能将汇总结果显示在数据的下方。（　　　）

16. 在 Excel 中可以打开以文本文件形式保存的数据。（　　　）

# 第 5 章

# PowerPoint 2016 演示文稿制作 >>>

## 一、基本任务

### 任务 5-1　创建演示文稿

**任务要求**

① 第 1 张幻灯片是新建演示文稿时默认的幻灯片，第 2、3 张幻灯片采用"标题和内容"版式。

② 按照图 5-1 所示输入文本，第 1 张幻灯片中的"首都医科大学"在文本框中输入，其余内容在占位符中输入。

③ 设置每张幻灯片中文本的字体、字号、颜色。

完成后效果图如图 5-1 所示。

图 5-1　完成任务 5-1 后的效果

**操作步骤**

**1. 设置文本框格式**

① 新建空白演示文稿。在默认的幻灯片"标题"占位符中输入"求职面试"，副标题占位符中输入"晋京"。

② 插入文本框。单击"插入"功能区"文本"组的"文本框"按钮，在其下拉菜单中选择"横排文本框"，在文本框内输入"首都医科大学"。

③ 设置文本框格式。选中文本框，在"绘图工具—格式"功能区"形状样式"组中，单击"其他"按钮，打开面板如图 5-2 所示，在"主题样式"组中选择"强烈效果 – 橙色，强调颜色 2"；在"艺术字样式"组中选择"设置文本效果格式：文本框"，打

开"设置形状格式"面板，选择"形状选项"里的"效果"，单击"三维格式"，在"顶部棱台"中设置"棱台-圆"，其余设置如图5-3所示。

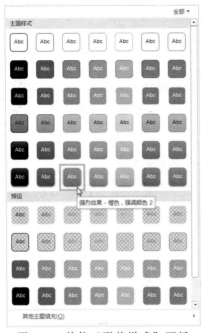

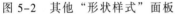

图 5-2　其他"形状样式"面板　　　　图 5-3　"设置形状格式"面板

④　设置文本框文本格式。选中文本框内文字，在"开始"选项卡"字体"组中，设置字体为"宋体"，大小为"36"，加粗，颜色"橙色，个性色 2，深色 50%"，文本居中对齐，调整文本框大小。

### 2．插入新幻灯片

①　插入"标题和内容"版式幻灯片。单击"开始"功能区"幻灯片"组的"新建幻灯片"按钮，在其下拉菜单中选择"标题和内容"版式。在当前幻灯片之后插入第 2、3 张幻灯片。

②　插入文本。分别在第 2、3 张幻灯片中的"标题"占位符和"内容"占位符中输入图 5-1 所示文本。

### 3．设置文本格式

①　设置第 1 张幻灯片文本格式。选择第 1 张幻灯片，在"开始"功能区"字体"组中，设置标题占位符字体"宋体"，大小"44"，加粗；设置副标题占位符字体"华文楷体"，大小"40"，加粗。

②　调整第 1 张幻灯片各对象位置。选择第 1 张幻灯片，调整其中"标题"占位符、"副标题"占位符和文本框的位置。

③　设置第 2、3 张幻灯片文本格式。分别选择第 2、3 张幻灯片，设置标题占位符字体"宋体"，大小"66"，文本居中对齐；内容占位符字体"华文楷体"，大小"48"。

 任务 5-2　对演示文稿的文本进行格式设置

**任务要求**

素材文件为 5-1.pptx

① 更改第 2 张幻灯片中的项目符号，并设置项目符号的颜色和大小，添加新的图片，更改第 3 张幻灯片的项目符号。

② 设置第 3 张幻灯片中文本的对齐方式、文本缩进和间距。

③ 更改第 3 张幻灯片中标题幻灯片的文字方向，并旋转占位符。

完成后效果图如图 5-4 所示。

图 5-4　完成任务 5-2 后的效果

**操作步骤**

**1．设置项目符号颜色和大小**

① 选中文本。选中第 2 张幻灯片中内容占位符内文本。

② 打开项目符号对话框。单击"开始"功能区"段落"组中的"项目符号"下拉按钮，在弹出的菜单中选择"项目符号和编号"，打开"项目符号和编号"对话框，如图 5-5 所示。

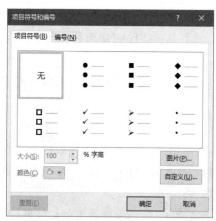

图 5-5　"项目符号和编号"对话框

③ 更改项目符号。选中图 5-5 中第二行第三列项目符号为新的项目符号。

设置项目符号颜色大小。更改图 5-5 中"大小"后文本框内值为 110；单击"颜色"后的下拉按钮，选择"红色"为新项目符号的颜色，单击"确定"完成插入。

## 2．添加新的项目符号

① 选中文本。选中第 3 张幻灯片中内容占位符内文本。

② 打开"项目符号和编号"对话框。

③ 添加新项目符号。单击图 5-5 中的"自定义"按钮，打开图 5-6 所示的"符号"对话框，从"子集"后的下拉按钮中找到"其他符号"，选择图 5-6 中的符号为新的项目符号，设置新的项目符号颜色为"深红"。

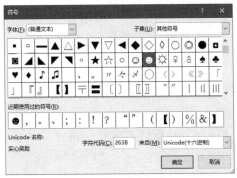

图 5-6　定义其他符号

## 3．设置幻灯片文本格式

① 选中文本。选中第 3 张幻灯片中内容占位符内的文本。

② 设置文本对齐方式。单击"开始"功能区"段落"组中的"分散对齐"按钮，设置文本为分散对齐。

③ 设置文本间距。单击"开始"功能区"段落"组中的"行距"下拉按钮，选择"1.0"。

④ 设置文本缩进。选择"视图"功能区"显示"组中的"标尺"复选框，打开"标尺"，调整第 3 张幻灯片内容占位符内文本水平缩进为"3"。

## 4．设置幻灯片中文字方向

① 选中文本。选中第 3 张幻灯片中标题占位符文本。

② 设置文字方向。单击"开始"功能区"段落"组中的"文字方向"下拉按钮，选择"所有文字旋转 90°"。

③ 旋转占位符。单击"绘图工具-格式"功能区"排列"组中"旋转"下拉按钮，选择"向左旋转 90°"。

④ 调整标题占位符位置如图 5-4 所示。

## 任务 5-3　自定义一个新主题，保存并应用

任务要求

素材文件为 5-2.pptx。

① 自定义一个新主题并保存。

② 新建一张幻灯片为第 4 张幻灯片，输入图 5-7 中最后一张幻灯片中的内容。

任务 5-3
操作视频

③ 将定义的新主题应用到第 4 张幻灯片。

完成后效果图如图 5-7 所示。

图 5-7　完成任务 5-3 后的效果

**【操作步骤】**

**1. 自定义新主题并保存**

① 新建空白演示文稿。

② 选择主题。单击"设计"功能区"主题"组中"其他"按钮，展开主题面板，选择"回顾"主题样式。

③ 自定义主题。单击"设计"功能区"变体"组"其他"按钮，在展开的面板中选择"颜色"，打开"颜色"面板如图 5-8 所示，选择"Office"为新主题颜色；单击"设计"功能区"变体"组"其他"按钮，在展开的面板中选择"背景样式"，打开的"背景样式"面板如图 5-9 所示，选择"样式 10"为新主题背景。

图 5-8　"颜色"面板

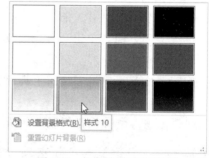

图 5-9　"背景样式"面板

④ 保存新主题。单击"设计"功能区"主题"组中"其他"按钮，在弹出的下拉菜单中选择"保存当前主题"，弹出"保存当前主题"对话框，在"文件名"后的对话框中输入"我的主题"，单击"确定"完成保存。

**2. 应用新主题**

① 打开素材。打开素材文件 5-2.pptx。

② 插入新幻灯片。选中最后 1 张幻灯片，单击"开始"功能区"幻灯片"组的"新建幻灯片"按钮，在其下拉菜单中选择"标题和内容"版式。

③ 输入内容。在新插入幻灯片中输入图 5-7 中最后一张幻灯片中内容，标题占位符中输入"所学课程"，其余内容输入内容占位符。

④ 应用新主题。单击"设计"功能区"主题"组"其他"按钮，在展开的面板中的"自定义"区域找到"我的主题"，右击，选择"应用选定幻灯片"为最后一张幻灯片设置新主题。

### 3．设置幻灯片文本格式

① 选中文本。选中第 4 张幻灯片中标题占位符内的文本。

② 设置标题文本格式。在"开始"功能区"字体"组中，设置标题占位符字体"隶书"，大小"59"。

③ 选中文本。选中第 4 张幻灯片中内容占位符内的文本。

④ 设置内容文本格式。在"开始"功能区"字体"组中，设置内容占位符字体"华文楷体"，大小"32"，加粗，调整内容占位符大小及位置。

## 任务 5-4　插入新幻灯片母版，在母版中应用新主题，并设置母版格式

### 任务要求

任务 5-4
操作视频

素材文件为 5-3.pptx。

① 添加主题为"丝状"的幻灯片母版。

② 设置"Office 主题"幻灯片母版及版式格式："母版标题样式"、"标题和内容"版式页脚如图 5-10 中第 1 张和第 3 张幻灯片所示。

③ 设置"丝状"幻灯片母版格式，"母版标题样式"如图 5-10 中第 2 张幻灯片所示。

完成后效果图如图 5-10 所示。

图 5-10　完成任务 5-4 后的效果

### 操作步骤

#### 1．添加幻灯片母版

① 进入幻灯片母版视图。单击"视图"功能区"母版视图"组的"幻灯片母版"按钮，打开图 5-11 所示的幻灯片母版视图。

② 添加新母版视图。单击"幻灯片母版"功能区"编辑主题"组中的"主题"按钮，弹出图 5-12 所示的主题面板，右击"丝状"主题，选择"添加为幻灯片母版"。

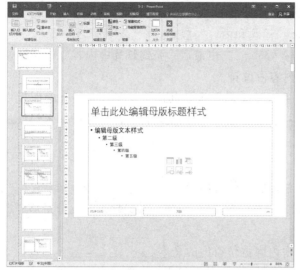

图 5-11　幻灯片母版视图

图 5-12　"主题"面板

## 2．设置母版及版式格式

① 选择母版。在"幻灯片母版视图"左侧幻灯片区域选择"Office 主题"幻灯片母版。

② 选择版式。选择"Office 主题"幻灯片母版下"标题幻灯片　版式"，参考图 5-11 右侧所显示的"标题幻灯片"版式。

③ 设置标题幻灯片版式格式。选择标题占位符，在"开始"功能区"字体"组中设置字体颜色"红色"。

④ 选择版式。选择"Office 主题"幻灯片母版下"标题和内容版式"。

⑤ 设置标题和内容幻灯片版式格式。选择标题占位符，在"开始"功能区"字体"组中设置字体颜色"红色"；选中"页脚"占位符，在"开始"功能区"字体"组中设置字体为"宋体"，字号"24"，颜色"紫色"。

⑥ 选择母版及版式。在"幻灯片母版视图"左侧幻灯片区域选择"丝状"幻灯片母版版式下"标题和内容版式"。

⑦ 设置标题和内容版式格式。选择标题占位符，在"开始"功能区"字体"组中设置字体颜色"绿色"。

⑧ 关闭母版视图。单击"幻灯片母版"功能区"关闭"组中"关闭母版视图"按钮关闭母版视图。

## 3．应用幻灯片母版

① 选中幻灯片。选中第 2 张幻灯片。

② 应用幻灯片母版。单击"开始"功能区"幻灯片"组中的"版式"，在弹出的面板中"丝状"区域选择"标题和内容"版式；在"开始"功能区"段落"组中设置"标题占位符"对齐格式"左对齐"。

③ 选中幻灯片。选中第 3 张幻灯片。

④ 设置幻灯片页脚。单击"插入"功能区"文本"组中的"页眉和页脚"按钮，在弹出的"页眉和页脚"对话框中"幻灯片包含内容"区域选中"页脚"复选框，在下

面对话框中输入"首都医科大学",单击"应用"完成幻灯片页脚插入。

### 任务 5-5　在演示文稿中插入表格和图表

（任务要求）

素材文件为 5-4.pptx。

① 新建一张幻灯片为第 5 张幻灯片,插入素材 5-5-1.xlsx。

② 新建一张幻灯片为第 6 张幻灯片,插入对应于素材 5-5-1.xlsx
的图表。

③ 设置表格和图表的格式。

完成后效果图如图 5-13 所示。

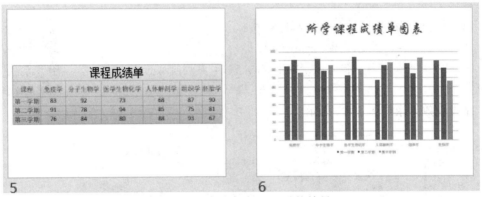

图 5-13　完成任务 5-5 后的效果

（操作步骤）

**1. 插入表格并设置表格格式**

① 新建幻灯片。选中最后一张幻灯片,单击"开始"功能区"幻灯片"组的"新建幻灯片"按钮,在其下拉菜单"Office 主题"区域中选择"空白"版式。

② 复制表格。打开素材 5-5-1.xlsx,复制图 5-13 中幻灯片 5 所示的表格文件。

③ 插入表格。单击"开始"功能区"剪贴板"组中的"粘贴"按钮插入表格。

④ 设置表格格式。选中表格,单击"表格工具-设计"功能区"表格样式"组中"底纹"按钮,在弹出的下拉菜单中选择"其他填充颜色",打开"颜色"对话框,在"自定义"标签中,设置红色值为"204",绿色值为"204","蓝色"值为"255",单击"确定"按钮完成。

**2. 插入图表并设置图表格式**

① 新建幻灯片。选中最后一张幻灯片,单击"开始"功能区"幻灯片"组的"新建幻灯片"按钮,在其下拉菜单"Office 主题"区域中选择"仅标题"版式;在标题占位符内输入"所学课程成绩单图表",设置字体颜色为"红色",加粗,对齐方式"居中"。

② 插入图表。单击"插入"功能区"插图"组中的"图表"按钮,打开"插入图表"对话框,在"所有图表"标签的左侧区域选择"柱状图",双击右侧区域上方中的"簇

状柱状图"，打开"Microsoft PowerPoint 中的图表"窗口，复制素材 5-5-1.xlsx 文件中单元格 B2：G5 内容到此窗口中，删除无用部分数据。

③ 设置图表格式。选中图表，单击"图表工具-设计"选项卡"数据"组中"选择数据"按钮，打开"选择数据源"对话框，依次单击其中的"切换行/列"和"确定"按钮；删除图表中上方"图表标题"文本框；选中图表中第一列数据，在"图表工具-格式"选项卡"形状样式"组中单击"形状填充"按钮，选择"蓝色"填充第一列数据，同样方法分别设置"深红"和"绿色"填充第二、三列数据。

 **任务 5-6 插入 SmartArt 图形，将文字转换为 SmartArt 图形**

**任务要求**

任务 5-6
操作视频

素材文件为 5-5.pptx。

① 当前幻灯片最后插入一张新幻灯片。

② 插入图 5-14 所示左侧 SmartArt 图形。

③ 插入一张幻灯片，输入文字并生成图 5-14 右侧所示的 SmartArt 图形。

完成后效果图如图 5-14 所示。

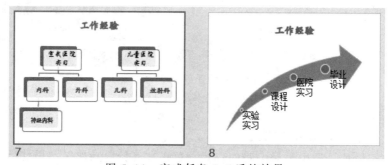

图 5-14 完成任务 5-6 后的效果

**操作步骤**

**1. 插入 SmartArt 图形**

① 新建幻灯片。选中最后一张幻灯片，单击"开始"功能区"幻灯片"组的"新建幻灯片"按钮，在其下拉菜单"Office 主题"区域中选择"仅标题"版式，输入标题"工作经验"。

② 插入 SmartArt 图形。单击"插入"功能区"插图"组中的"SmartArt"按钮，展开"选择 SmartArt 图形"对话框；选择对话框左侧中的"层次结构"，在对话框中间区域继续选择"层次结构"，单击"确定"完成插入。

③ 在 SmartArt 图形中输入内容。在当前 SmartArt 图形中输入图 5-14 中左侧幻灯片中左半部分所示内容，并删除第三层右侧两个形状。

④ 编辑 SmartArt 图形。选中顶层形状，单击"SmartArt 工具-设计"功能区"创建图形"组中的"添加形状"下拉按钮，在弹出的下拉菜单中选择"在后面添加形状"；选

中新插入形状，继续上面操作，在弹出的下拉菜单中选择"在下方添加形状"；继续插入图 5-14 中的形状，并输入图 5-14 中相应内容。

⑤ 设置 SmartArt 图形内文本格式。设置顶层形状内文本字体"华文楷体"，字号"30"，黑色；第二层形状内字体"楷体"，字号"28"，紫色；第三层形状内字体"宋体"，字号"24"，深红，调整形状大小。

**2. 将文字转换为 SmartArt 图形**

① 新建幻灯片。选中最后一张幻灯片，单击"开始"功能区"幻灯片"组的"新建幻灯片"按钮，在其下拉菜单"Office 主题"区域中选择"标题和内容"版式。

② 输入内容。标题占位内输入"工作经验"；在内容占位符内依次输入"实验实习"、"课程设计"、"医院实习"和"毕业设计"。

③ 将文字转换为 SmartArt 图形。选中内容占位符内文本，单击"开始"功能区"段落"组中的"转换为 SmartArt 图形"按钮，在其下拉菜单选择"其他 SmartArt 图形"，打开"选择 SmartArt 图形"对话框，选择"流程"类形的"向上箭头"布局。

④ 编辑 SmartArt 图形。选中 SmartArt 图形，单击"SmartArt 工具-格式"功能区"形状样式"组中的"形状填充"按钮，在弹出面板中选择"水绿色，个性色 5，深度 25%"填充 SmartArt 图形。

## 任务 5-7 在幻灯片中插入音频和视频

**任务要求**

任务 5-7
操作视频

素材文件为 5-6.pptx。

① 当前幻灯片最后插入一张新幻灯片。

② 插入音频文件 5-7-1.wav，设置音频图标效果和音频播放效果。

③ 插入一张幻灯片，插入一段屏幕录制视频，设置视频图标和视频播放效果，并设置视频图标的显示画面为视频中的某一画面。

④ 初始插入的音频和视频文件如图 5-15 所示。

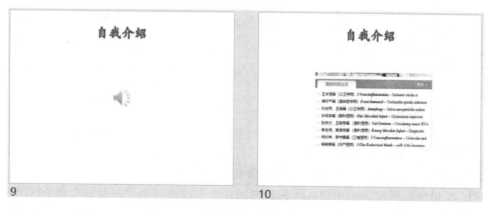

图 5-15 初始插入音频、视频文件

完成后效果图如图 5-16 所示。

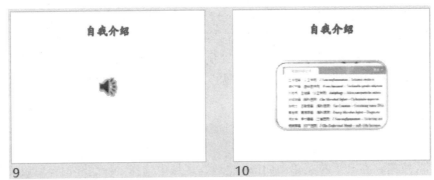

图 5-16　完成任务 5-7 后的效果

### 操作步骤

**1. 插入音频并设置音频图标和播放效果**

① 新建幻灯片。选中最后一张幻灯片，单击"开始"功能区"幻灯片"组的"新建幻灯片"按钮，在其下拉菜单"Office 主题"区域中选择"仅标题"版式，输入标题"自我介绍"。

② 插入音频。在"插入"功能区"媒体"组中单击"音频"下拉按钮，在弹出的下拉列表中选择"PC 上的音频"，打开"插入音频"对话框，选择音频文件 5-7-1.wav，单击"插入"完成音频插入。

③ 编辑音频图标。选中音频图标，单击"音频工具—格式"功能区"调整"组中的"艺术效果"按钮，在下拉面板中选择"发光边缘"；单击"图片样式"组中单击"图片效果"按钮，选择下拉面板中"发光"，打开"发光"面板如图 5-17 所示，选择"橙色，8pt 发光，个性色 2"；继续选择图 5-17 中的"其他亮色"，打开"主题颜色"面板，设置主题颜色为"红色"。

④ 设置音频播放效果。选中音频图标，单击"音频工具—播放"功能区"音频选项"组中的"音量"按钮，在下拉菜单中选择"中"；在"音频选项"组中选中"播完返回开头"复选框。

**2. 插入视频并设置视频图标和播放效果**

① 新建幻灯片。选中最后一张幻灯片，单击"开始"功能区"幻灯片"组的"新建幻灯片"按钮，在其下拉菜单"Office 主题"区域中选择"仅标题"版式，输入标题"自我介绍"。

② 插入视频。打开网页 http://www.ccmu.edu.cn，单击"插入"功能区"媒体"组中单击"屏幕录制"按钮，弹出"屏幕录制"对话框，单击对话框中"选中区域"按钮，选择网页中"最新科研论文"区域；单击"屏幕录制"对话框中的"录制"按钮，开始录制；录制结束后单击"停止"按钮完成录制。

③ 编辑视频图标。选中插入的视频图标，单击"视频工具—格式"功能区"视频样式"组中"其他"按钮，弹出面板类似图 5-17，选择"细微型"区域的"棱台框架，渐变"；单击"视频样式"组中"视频形状"按钮，弹出图 5-18 所示的视频形状面板，选择"矩形"区域的"圆角矩形"。

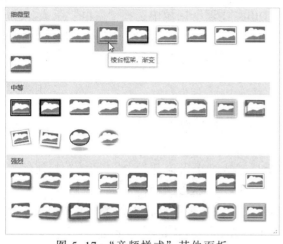

图 5-17 "音频样式"其他面板

图 5-18 "视频形状"面板

④ 设置标牌框架。播放视频，播放到需要的画面时，单击"视频工具—格式"功能区"调整"组中"标牌框架"按钮，在弹出的下拉菜单中选择"当前框架"，将某一画面设置为视频图标的显示画面。

## 任务 5-8 插入图片和形状

任务要求

素材文件为 5-7.pptx。

① 在第一张幻灯片之前插入一张幻灯片。

② 在当前的第一张幻灯片中插入形状。

③ 在当前的第一张幻灯片中插入素材 5-8-1.jpg，并设置其属性。

④ 在当前的第一张幻灯片中插入联机图片。

完成后效果图如图 5-19 所示。

任务 5-8
操作视频

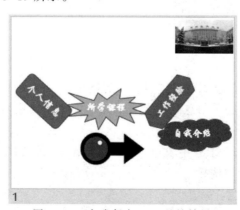

图 5-19 完成任务 5-8 后的效果

## 1. 插入图片

① 新建幻灯片。光标置于第一张幻灯片之前，单击"开始"功能区"幻灯片"组的"新建幻灯片"按钮，在其下拉菜单"Office 主题"区域中选择"空白"版式。

② 插入图片。在"插入"功能区"图像"组中单击"图片"按钮，打开"插入图片"对话框，选择素材"5-8-1.jpg"，单击"插入"完成，调整图片大小及位置如图 5-19 所示。

## 2. 插入形状

① 插入矩形形状。单击"插入"功能区"插图"组中"形状"按钮，弹出"形状"面板，选择"矩形"区域的"圆角矩形"。

② 设置矩形形状字体。选中矩形形状，输入"个人信息"，在"开始"功能区"字体"组中，设置矩形形状字体"华文行楷"，大小"28"，颜色"白色"，加粗。

③ 编辑矩形形状。单击"绘图工具-格式"选项卡"形状样式"组中"形状填充"按钮，在下拉菜单中选择"蓝色，个性色 1"；单击"形状轮廓"按钮，在下拉菜单中选择"红色"，调整形状大小和方向。

④ 同样方法插入图 5-19 所示的其他三个形状：星与旗帜区域的"爆炸形 1"、基本形状区域的"六边形"和"云形"；分别设置这三个形状的字体"华文行楷"，大小"25"，颜色"白色"，加粗；设置填充效果分别为"橙色"、"绿色"和"紫色"；形状轮廓均为"红色"；分别调整三个形状的大小和方向。

⑤ 组合形状。选中所有形状，单击"绘图工具-格式"功能区"排列"组中的"组合"按钮，在下拉面板中选择"组合"。参考图 5-19。

## 3. 插入联机图片

① 插入联机图片。单击"插入"功能区"图像"组中单击"联机图片"按钮，打开"插入图片"对话框，在"必应图片索搜"索搜框中输入"箭头"，单击"搜索"按钮，在对话框中显示搜索到的相关图片，选择图 5-19 所示箭头，单击"插入"完成。

② 调整联机图片。选中新插入箭头，调整大小及位置。

## 任务 5-9　创建超链接和动作

任务 5-9
操作视频

任务要求

素材文件为 5-8.pptx。

① 分别创建目录页信息到各自内容页的超链接。

② 分别创建各自内容页信息到目录页的返回按钮，设置动作按钮的形状样式。

③ 创建最后一张幻灯片中文本"自我介绍"到"网页"http://www.ccmu.edu.cn 的超链接。

④ 更改超链接的颜色。

完成后效果图如图 5-20 所示。

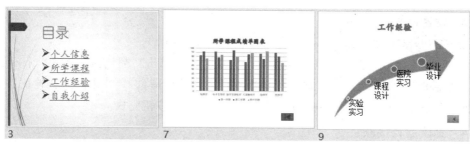

图 5-20　完成任务 5-9 后部分幻灯片的效果

**操作步骤**

**1. 创建目录页信息到各自内容页的超链接**

① 选中文本。选中第 3 张幻灯片"目录"页中"个人信息"文本。

② 创建超链接。单击"插入"功能区"链接"组中单击"超链接"按钮，打开"超链接"对话框，在对话框"链接到"区域中选择"本文档中的位置"，在"请选择文档中的位置"区域中选择"4.个人信息"，单击"确定"完成。

③ 同样方法分别插入"所学课程"、"工作经验"和"自我介绍"文本到"5.所学课程"、"8.工作经验"和"10.自我介绍"内容页的超链接。

**2. 创建各自内容页信息到目录页的返回按钮**

① 选中幻灯片。选中第 4 张幻灯片。

② 插入返回按钮。单击"插入"功能区"插图"组中的"形状"按钮，在下拉面板"动作按钮"区域选择"动作按钮：后退或前一项"，幻灯片中拖动鼠标画出"动作按钮"，同时弹出"操作设置"对话框，选择"超链接到"单选按钮，单击其后面的下拉按钮，在下拉面板中选择"幻灯片"，弹出"超链接到幻灯片"对话框，如图 5-21 所示，选择"幻灯片标题"区域里的"3.目录"，单击两次"确定"按钮。

图 5-21　"超链接到幻灯片"对话框

③ 设置按钮样式。选中新插入动作按钮，单击"绘图工具–格式"功能区"形状样式"组中"其他"按钮，在"主题样式"区域选择"细微效果–橙色 强调颜色 6"。

④ 同样方法分别插入第 7 张幻灯片、第 9 张幻灯片和最后一张幻灯片到"目录"页幻灯片的返回按钮，并设置按钮样式。

### 3．设置网页超链接

① 选中文本。选中最后一张幻灯片中的标题占位符。

② 创建超链接。在"插入"功能区"链接"组中单击"超链接"按钮，打开"超链接"对话框，在"链接到"区域中选择"现有文件或网页"，在中间区域地址后面的文本框内输入"http://www.ccmu.edu.cn"，单击"确定"按钮完成。

### 4．更改超链接颜色

① 更改超链接颜色。单击"设计"功能区"变体"组"其他"按钮，在展开的面板中选择"颜色"，打开"颜色"面板（参考图 5-8 所示），选择"自定义颜色"，打开"新建主题颜色"对话框，如图 5-22 所示，设置超链接颜色为"橙色，个性色 6"。

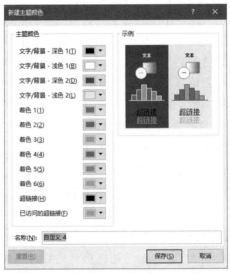

图 5-22　"新建主题颜色"对话框

② 更改已访问超链接颜色。在图 5-22 中，单击"已访问的超链接"后的下拉按钮，弹出"主题颜色"面板，选择"其他颜色"，打开"颜色"面板，在"自定义"标签中设置"红色"值为 246，"绿色"值为 72，"蓝色"值为 221，最后单击"确定"和"保存"按钮。

## 任务 5-10　创建动画

任务要求

素材文件为 5-9.pptx。

① 设置第 2 张幻灯片的切换效果为"华丽型"中的"风"，效果选项"向左"，声音"爆炸"，持续时间"01.00"。

② 设置第 5 张幻灯片中标题占位符的动画效果为"进入-擦除"、效果选项"自底部"，文本占位符的动画效果为"进入-缩放"。

③ 设置第 6 张幻灯片中表格的动画效果为"进入-轮子"，并使用触发器"单击"时触发动画。

完成后效果如图 5-23 所示。

任务 5-10
操作视频

图 5-23　完成任务 5-10 后部分幻灯片的效果

### 1．设置幻灯片切换效果

① 选中幻灯片。选中第 2 张幻灯片。

② 设置切换效果。单击"切换"功能区"切换到此幻灯片"组中的"其他"按钮打开幻灯片切换方案列表，选择"华丽型"中的"风"。

③ 设置效果选项。单击"切换"功能区"切换到此幻灯片"组"效果选项"按钮，在下拉菜单中选择"向左"；单击"计时"组"声音"下拉按钮，选择下拉菜单中的"爆炸"，并在"计时"组中设计持续时间为"01.00"。

### 2．设置对象动画效果

① 选中对象。选中第 5 张幻灯片中的标题占位符。

② 设置对象动画效果。单击"动画"功能区"动画"组中的"其他"下拉按钮，在下拉菜单中"进入"区域选择"擦除"。

③ 设置效果选项。单击"动画"功能区"动画"组"效果选项"按钮，在下拉菜单中选择"自底部"。

④ 选中对象。选中第 5 张幻灯片中的文本占位符。

⑤ 设置对象动画效果。单击"动画"功能区"动画"组中的"其他"下拉按钮，在下拉菜单中"进入"区域选择"缩放"。

### 3．触发动画

① 选中对象。选中第 6 张幻灯片中的表格。

② 设置对象动画效果。单击"动画"功能区"动画"组中的"其他"按钮，在下拉菜单"进入"区域选择"轮子"。

③ 触发器触发动画。单击"动画"功能区"高级动画"组中的"触发"下拉按钮，选择下拉菜单中的"单击"，在下一级菜单中选择"表格 1"实现。

## 任务 5-11　分节显示幻灯片，自定义放映

**任务要求**

素材文件为 5-10.pptx。

① 分节显示幻灯片：将 5～7 张幻灯片分为课程节，8～9 张幻灯片分为工作经验节，10～11 张幻灯片分为自我介绍节。

② 隐藏第 1 张幻灯片。

任务 5-11
操作视频

③ 自定义放映：将第 2、5、6、7 张幻灯片设置名称为"课程介绍"的放映。完成后效果如图 5-24 所示。

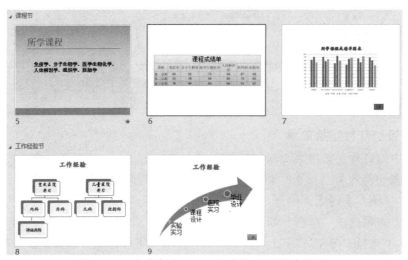

图 5-24　完成任务 5-11 后分节显示部分效果

### 操作步骤

#### 1. 分节显示幻灯片

① 选中幻灯片。选中第 5 张幻灯片。

② 新增节。单击"开始"功能区"幻灯片"组的"节"下拉按钮，在其下拉菜单中选择"新增节"，则第 5 张幻灯片之前添加了文本"无标题节"。

③ 修改节名称。选中文本"无标题节"，单击"开始"功能区"幻灯片"组的"节"下拉按钮，在其下拉菜单中选择"重命名节"，弹出"重命名节"对话框，修改节名称后对话框内文本为"课程节"，单击"重命名"完成设置。

④ 同样方法将 8～9 张幻灯片分为工作经验节，10～11 张幻灯片分为自我介绍节。

#### 2. 隐藏幻灯片

① 选中幻灯片。选中第 1 张幻灯片。

② 隐藏幻灯片。单击"幻灯片放映"选项卡"设置"组中的"隐藏幻灯片"按钮。

#### 3. 自定义放映

① 新建自定义放映。单击"幻灯片放映"功能区"开始放映幻灯片"组"自定义放映"按钮，在下拉菜单中选择"自定义放映"，打开"自定义放映"对话框；单击"新建"按钮，打开"定义自定义放映"对话框。

② 选中幻灯片。选择"定义自定义放映"对话框中的"在演示文稿中的幻灯片"区域的第 2、5、6、7 张幻灯片，单击"添加"按钮将第 2、5、6、7 张幻灯片添加到"在自定义放映中的幻灯片"区域。

③ 设置自定义放映名称。在"定义自定义放映"对话框"幻灯片放映名称"后文本框内输入"课程介绍"，单击"确定"按钮返回"自定义放映"对话框，单击"关闭"按钮完成。

 任务 5-12 演示文稿的输出

 任务要求

素材文件为 5-11.pptx。

① 将演示文稿输出为 PDF 文档。

② 将第 2 张幻灯片输出为图片。

③ 将演示文稿制作成视频文件。

④ 设置演示文稿的打印参数："打印当前幻灯片"、打印版式为"备注页"、颜色为"灰度"。

完成后效果如图 5-25 所示。

图 5-25 完成任务 5-12 后部分幻灯片效果

操作步骤

### 1．输出演示文稿

① 输出演示文稿为 PDF 文档。单击"文件"｜"导出"，在"导出"面板中间区域选择"创建 PDF/XPS 文档"，单击右侧的"创建 PDF/XPS"按钮，打开"发布为 PDF 或 XPS"对话框，在对话框文件名后文本框内输入"PDF5-12"，单击"发布"打开如图 5-26 所示的"你要如何打开这个文件"面板（注：通常在第一次发布时打开此面板），选择"其他选项"区域的"Adobe Reader"，单击"确定"完成，并在 Adobe Reader 中打开文件 PDF5-12.pdf。

② 输出第 2 张幻灯片为图片。选中第 2 张幻灯片，单击"文件"｜"另存为"，在"另存为"面板中间区域选择"这台电脑"，打开"另存为"对话

图 5-26 将文件输出格式为 PDF 文件

框，在对话框文件名后文本框内输入"图片 2"，单击保存类型下拉按钮，选择"JFEG 文件交换格式"，单击"保存"按钮打开"Microsoft PowerPoint"对话框，选择"仅当前幻灯片"。

③ 制作演示文稿为视频文件。单击"文件"｜"导出"，在"导出"面板中间区域选择"创建视频"，单击右侧的"创建视频"按钮，打开"另存为"对话框，在对话框文件名后文本框内输入"视频 5-12"，单击"保存"按钮完成。

#### 2．设置打印参数

① 打开"打印"面板。单击"文件"｜"打印"打开。

② 设置演示文稿打印参数。在"打印"面板中间区域"打印全部幻灯片"的下拉菜单中选择"打印当前幻灯片"；在"整页幻灯片"下拉菜单中"打印版式"区域选择"备注页"；在"颜色"下拉菜单中选择"灰度"。

## 二、扩展练习

### 扩展练习 5-1　在幻灯片中插入公式

任务要求

① 使用 PowerPoint 2016 内置公式样式在幻灯片中插入公式，并设置公式样式。

② 插入新公式到幻灯片中。

③ 使用墨迹公式功能在幻灯片中插入手写公式。

完成后效果如图 5-27 所示。

扩展练习 5-1
操作视频

$$f(x) = a_0 + \sum_{n=1}^{\infty} \left( a_n \cos\frac{n\pi x}{L} + b_n \sin\frac{n\pi x}{L} \right)$$

$$a^2 + b^2 = c^z$$

$$\frac{y}{x^2}$$

图 5-27　完成扩展练习 5-1 后的效果

操作步骤

#### 1．使用内置公式样式插入公式

① 新建空白演示文稿。删除标题占位符和副标题占位符。

② 插入公式。单击"插入"功能区"符号"组的"公式"下拉按钮，在其下拉菜单中选择"傅里叶级数"，调整公式位置。

③ 设置公式样式。选中公式，单击"绘图工具-格式"功能区"艺术字样式"组中的"文本轮廓"下拉按钮，在下拉面板中"标准色"区域选择"深红"；单击"艺术字样式"组的"文本效果"下拉按钮，在下拉面板中选择"三维旋转"，打开"三维旋转"面

板，设置平行区域的"离轴1右"为公式三维旋转方式。

### 2．插入新公式

① 新建公式。单击"插入"功能区"符号"组中的"公式"按钮，PowerPoint 2016
的窗口界面如图 5-28 所示，在功能区添加了"绘图工具-格式"功能区和"公式工具-设计"功能区；在幻灯片编辑区域添加了文本"在此处键入公式"。

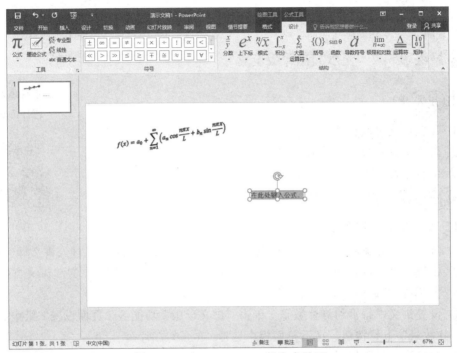

图 5-28　PowerPoint 2016 公式界面

② 插入公式。单击"公式工具-设计"功能区"结构"组中"分数"下拉按钮，选择"分数"区域的"分数（竖式）"；选择"分母"虚线框，单击"上下标"按钮，在下拉菜单中"下标和上标"区域选择"上标"，在分母区域输入 $x^2$，选择"分子"虚线框输入 y，调整公式位置。

③ 编辑公式。选中新插入公式，在"开始"功能区"字体"组中设置字号"40"，颜色为"紫色"，加粗。

### 3．使用墨迹公式插入手写公式

① 打开"数学输入控件"对话框。单击"插入"功能区"符号"组"公式"下拉按钮，在下拉菜单中选择"墨迹公式"，打开数学输入控件对话框如图 5-29 所示。

② 手写输入公式。鼠标指针移到"在此处写入数学公式"区域，指针变为＋形状，在该区域拖动鼠标输入公式 $a^3+b^2=c^2$，并在对话框"在此处预览"区域显示识别出的公式。

③ 编辑墨迹公式。单击"数学输入控件"对话框中的"擦除"按钮，鼠标指针变为 ✎，在公式中 3 上单击，清除 3，再次单击"写入"按钮，在擦除位置写入 2；单击"选择和更正"按钮，弹出"选择和更正"面板，如图 5-30 所示，选择"Z（拉丁文大写字母 Z）"，单击"插入"完成。

图 5-29 数学输入控件对话框

图 5-30 选择和更正面板

## 扩展练习 5-2　演示文稿母版设置

 任务要求

① 设置讲义母版格式。

② 隐藏幻灯片母版中的背景图形。

③ 编辑幻灯片版式。

 操作步骤

### 1. 设置讲义母版格式

① 进入讲义母版视图。单击"视图"功能区"讲义母版"按钮，进入讲义母版视图。

② 设置讲义方向。单击"讲义母版"功能区"页面设置"组中的"讲义方向"下拉按钮，在下拉面板中选择"横向"。

③ 设置讲义中每页幻灯片数量。单击"讲义母版"功能区"页面设置"组中的"每页幻灯片数量"下拉按钮，在下拉面板中选择"4 张幻灯片"。

④ 关闭讲义母版视图。单击"讲义母版"功能区"关闭"组中的"关闭母版视图"按钮实现。

### 2. 隐藏母版的背景图形

① 进入幻灯片母版视图。单击"视图"功能区"幻灯片母版"按钮，进入幻灯片母版视图。

② 设置背景图形。在幻灯片母版视图左侧区域选择"幻灯片母版"，单击"插入"功能区"图像"组中"图片"，打开"插入图片"对话框，将素材 5-8-1.jpg 设置为母版背景图形。

③ 隐藏背景图形。在幻灯片母版视图左侧区域选择"标题幻灯片版式"和"空白版式"，单击"幻灯片母版"功能区"背景"组中"隐藏背景图形"前面的复选框。

### 3. 编辑幻灯片版式

① 插入占位符到版式中。选中"空白"版式，单击"幻灯片母版"功能区"母版版式"组中的"插入占位符"下拉按钮，在弹出的面板选择"SmartArt"，插入"SmartArt"占位符到"空白"版式的右上角。

② 复制母版版式。单击幻灯片母版视图左侧区域"标题和内容"版式，右击，选择"复制"。

③ 移动版式。在"空白版式"前右击，选择"插入版式"。

④ 关闭幻灯片母版视图。"幻灯片母版"功能区"关闭"组中的"关闭母版视图"实现。

## 三、自测题

### （一）单选题

1. 在 PowerPoint 2016 中，可编辑、修改幻灯片内容的视图是（　　）。

    A. 普通视图 　　　B. 幻灯片浏览视图 C. 幻灯片放映视图 D. 都可以

2. 演示文稿的基本组成单元是（　　）。

    A. 图形 　　　　　B. 幻灯片 　　　　　C. 超链接 　　　　　D. 文本

3. 幻灯片中占位符的作用是（　　）。

    A. 表示文本长度 　　　　　　　　B. 限制插入对象的数量

    C. 表示图形的大小 　　　　　　　　D. 为文本、图像预留位置

4. 在 PowerPoint 2016 中，下列有关选定幻灯片的说法错误的是（　　）。

    A. 在幻灯片浏览视图中单击选定

    B. 要选定多张不连续的幻灯片，在幻灯片浏览视图下按住【Ctrl】键单击各幻灯片

    C. 在幻灯片浏览视图中，若要选定所有幻灯片，应使用【Ctrl+A】组合键

    D. 在幻灯片放映视图下，也可选定多个幻灯片

5. 在 PowerPoint 2016 中，设置好的切换效果，可以应用于（　　）。

    A. 所有幻灯片 　　B. 一张幻灯片 　　C. A 和 B 都对 　　D. A 和 B 都不对

6. 如果希望在演示文稿的播放过程中终止幻灯片的演示，随时可按的终止键是（　　）。

    A.【End】 　　　　B.【Esc】 　　　　C.【Ctrl+E】 　　　　D.【Ctrl+C】

7. 在 PowerPoint 2016 中新增一张幻灯片，可能默认的幻灯片版式是（　　）。

    A. 空白版式 　　　B. 标题和表格 　　C. 标题和文本 　　D. 标题和内容

8. 如果对一张幻灯片使用系统提供的版式，对其中各个对象的占位符（　　）。

    A. 不可删除 　　　　　　　　　　B. 不能移动位置

    C. 可以删除 　　　　　　　　　　D. 不能插入新占位符

9. 在 PowerPoint 2016 中，将某张幻灯片版式更改为"垂直排列文本"，应该选择的菜单是（　　）。

    A. 视图 　　　　　B. 插入 　　　　　C. 格式 　　　　　D. 幻灯片放映

10. 对于幻灯片中文本框内的文字，设置项目符号可以采用（　　）。

    A."开始"功能区"字体"组中"项目符号"按钮

    B."插入"功能区"图像"组中"项目符号"按钮

    C."开始"功能区"段落"组中"项目符号"按钮

    D."设计"功能区"段落"组中"项目符号"按钮

11. 在 PowerPoint 2016 中进行自定义动画时，可以改变的是（　　）。

A. 幻灯片中某一对象的动画效果　　　B. 幻灯片的背景

C. 幻灯片切换的速度　　　　　　　　D. 幻灯片的页眉和页脚

12. 要想使幻灯片内的标题、图片、文字等按用户要求的顺序出现，应进行的设置是（　　）。

A. 幻灯片切换　　B. 自定义动画　　　C. 幻灯片超链接　　D. 放映方式

13. 一个演示文稿有 7 张幻灯片，若只想播放其中的第 2、3、5 张幻灯片，可以采用的操作是（　　）。

A. 选择"幻灯片放映"功能区"设置"组中"设置幻灯片放映"命令

B. 选择"幻灯片放映"功能区"开放放映幻灯片"组中"自定义幻灯片放映"命令

C. 选择"幻灯片放映"功能区"设置"组中"幻灯片切换"命令

D. 选择"幻灯片放映"功能区"设置"组中"自定义动画"命令

14. PowerPoint 2016 中，在（　　）视图下，不可以用拖动的方法改变幻灯片的顺序。

A. 普通视图　　　B. 大纲视图　　　　C. 幻灯片浏览视图　　D. 备注页视图

15. 下列属于"自定义动画"的功能是（　　）。

A. 给幻灯片内的对象添加动画效果　　B. 插入 Flash 动画

C. 设置放映方式　　　　　　　　　　D. 设置幻灯片切换

16. PowerPoint 2016 的"超链接"命令的作用是（　　）。

A. 在演示文稿中插入幻灯片　　　　　B. 中断幻灯片放映

C. 显示内容跳转到指定位置　　　　　D. 设置幻灯片切换

17. 下列关于"改变幻灯片大小"的说法正确的是（　　）。

A. 单击"设计"功能区"自定义"组中的"幻灯片大小"

B. 单击"切换"功能区"计时"组中的"幻灯片大小"

C. 单击"切换"功能区"自定义"组中的"幻灯片大小"

D. 单击"动画"功能区"自定义"组中的"幻灯片大小"

18. PowerPoint 2016 中，默认情况下，放映全部幻灯片的快捷操作是（　　）。

A.【Ctrl+F5】　　B.【Shift+F5】　　　C.【F5】　　　　　　D.【Alt+F5】

19. 下列关于"排练计时"的说法正确的是（　　）。

A. 只有通过"排练计时"命令才能设定演示时幻灯片的播放时间

B. 必须通过"排练计时"命令才能修改设置好的幻灯片的播放时间

C. 利用排练计时功能精确地记录每张幻灯片的播放时间

D. "排练计时"设置好后不能清除

20. 打印幻灯片时，以下（　　）是不可以打印出来的。

A. 幻灯片中的图片　　　　　　　　　B. 幻灯片中的动画

C. 母版上设置的标志　　　　　　　　D. 幻灯片中的图表

21. 关于幻灯片背景设置说法正确的是（　　）。

A. 不可以使用图片作为背景　　　　　B. 可以为单张幻灯片设置背景

C. 不可以使用图案作为背景　　　　　D. 不可以同时为所有幻灯片设置背景

22. 在 PowerPoint 2016 的备注页视图中，每张备注页视图页面包括（　　　）。

A. 幻灯片缩略图和备注部分　　　　B. 幻灯片窗格和缩略图

C. 幻灯片窗格和幻灯片放映　　　　D. 备注窗格和幻灯片放映

23. 下列关于幻灯片版式说法错误的是（　　　）。

A. 可以根据幻灯片的内容设置幻灯片的版式

B. 幻灯片版式包含了幻灯片上显示的全部内容的格式设置

C. 用户可以在幻灯片母版视图下根据需要自定义版式

D. 幻灯片版式不可以随便更改

24. 在 PowerPoint 2016 中，下列关于表格的说法错误的是（　　　）。

A. 可以合并单元格　　　　　　　　B. 可以改变行高和列宽

C. 可以在单元格插入图片　　　　　D. 不可以为单元格设置超链接

25. 在幻灯片间切换时，不可以设置幻灯片切换的是（　　　）。

A. 声音　　　　B. 动画　　　　C. 效果　　　　D. 效果

26. 在 PowerPoint 2016 中，如果某张幻灯片被隐藏，则被隐藏的幻灯片将会（　　　）。

A. 被删除　　　　　　　　　　　　B. 不可以被放映

C. 内容不可以被编辑　　　　　　　D. 内容被删除

27. 在幻灯片中插入页脚后，错误的是（　　　）。

A. 可以格式化　　　　　　　　　　B. 每一页幻灯片都显示

C. 可以输入页码　　　　　　　　　D. 不可以输入幻灯片编号

28. 演示文稿中"幻灯片设计"一般包括（　　　）。

A. 设计模板、配色方案和动画方案　B. 幻灯片版式和动画方案

C. 设计模板和背景设置　　　　　　D. 动画方案和页面设置

29. 关于幻灯片中的文本输入说法错误的是（　　　）。

A. 在文本占位符内输入　　　　　　B. 在文本框内输入

C. 从外部文档导入　　　　　　　　D. 在媒体占位符内输入

30. PowerPoint 2016 提供的动画效果不包括（　　　）。

A. "进入"动画和"退出"动画　　　B. "强调"动画和"进入"动画

C. 动作路径和"强调"动画　　　　　D. "切换"动画和"放映"动画

**（二）多选题**

1. 下列各项可作为幻灯片背景的是（　　　）。

A. 图片　　　　B. 纹理　　　　C. 图案　　　　D. 图形

2. 在 PowerPoint 2016 中，下列说法正确的是（　　　）。

A. 可以动态显示文本和对象　　　　B. 可以更改动画对象的播放顺序

C. 图表不可以设置动画效果　　　　D. 可以设置幻灯片的切换效果

3. 关于 PowerPoint 2016 幻灯片放映，下列说法正确的是（　　　）。

A. 右击可以暂停放映

B. 放映过程中不可以暂停

  C. 在"幻灯片放映"功能区"开始放映幻灯片"组中单击"从头开始"可以从头放映

  D. 在"幻灯片放映"功能区"开始放映幻灯片"组中单击"从当前幻灯片开始"可以从当前幻灯片开始放映

4. 在 PowerPoint 2016 的编辑状态，设置了标尺，能同时显示水平标尺和垂直标尺的视图方式是（  ）。

  A. 普通视图  B. 大纲视图   C. 幻灯片浏览视图 D. 备注页视图

5. 在 PowerPoint 2016 中，可以将演示文稿保存的文件类型有（  ）。

  A. PDF        B. JPEG 文件交换格式

  C. MPEG 视频      D. XPS 文档

6. 下列属于 PowerPoint 2016 新增功能的是（  ）。

  A. 屏幕录制      B. 墨迹书写

  C. 墨迹公式      D. 新增多个图表类型

7. 在空白幻灯片中，可以直接插入的对象是（  ）。

  A. 文字    B. 文本框    C. 图片     D. 艺术字

8. PowerPoint 2016 的"超链接"命令可以实现的是（  ）。

  A. 幻灯片之间的跳转    B. 幻灯片到 Word 文档的跳转

  C. 幻灯片到网页文件的跳转  D. 演示文稿幻灯片的移动

9. PowerPoint 2016 中幻灯片母版的用途包括（  ）。

  A. 隐藏幻灯片     B. 设定幻灯片文本样式

  C. 设置幻灯片背景图片   D. 为幻灯片添加页眉页脚

10. 幻灯片中可插入的对象有（  ）。

  A. 音频    B. 视频    C. 屏幕录制    D. Excel 表格

## （三）判断题

1. 在幻灯片窗格中，利用"编辑"菜单中的"复制"和"粘贴"选项能实现整张幻灯片的复制。               （  ）

2. 大纲窗格只显示文稿的文本部分，不显示图形和色彩。    （  ）

3. 每张幻灯片中只能包含一个超链接。         （  ）

4. 幻灯片的声音总是在执行到该幻灯片时自动放映。     （  ）

5. 在备注页视图模式中可以修改幻灯片本身的内容。     （  ）

6. SmartArt 图形可以显示各部分之间的附属关系和并列关系。  （  ）

7. 使用屏幕录制功能可录制屏幕正在进行的内容并将其插入演示文稿中。

                         （  ）

8. 可以在幻灯片放映时隐藏鼠标指针。        （  ）

9. 幻灯片文本的编辑、修改可以在幻灯片浏览视图中实现。  （  ）

10. 不能改变 PowerPoint 2016 中的艺术字格式。     （  ）

11. 可以根据需要设置幻灯片的大小。        （  ）

# 第 6 章

## >> Photoshop CC 基本操作

### 一、基本任务

任务 6-1　制作照片马克杯

任务 6-1
操作视频

**任务要求**

打开素材文件"6-1-1.jpg"和"6-1-2.jpg"，做如下操作：

① 沿着杯子边缘的曲线，将贴图贴合的粘贴在杯子表面。

② 将没有图案的杯子翻转，并拓展画布空间。

③ 在一张图中，同一水平线上展现贴图前后两个杯子的差异。

完成后效果图如图 6-1 所示。

图 6-1　完成任务 6-1 后的效果

**操作步骤**

#### 1．编辑贴图

① 全选贴图。在"6-1-2.jpg"文件中，利用菜单命令"选择"|"全部"将整个图像部分选中。

② 移动贴图。在工具箱选择移动工具，在图片区域单击并长按鼠标左键，将图片内容移动至文件"6-1-1.jpg"的标题栏处，随后移动鼠标指针至杯子图像上方并放开鼠标。

③ 形状变换。使用菜单命令"编辑"|"变换"|"变形"，通过拖动贴图上的控制点调整图片形状以贴合杯子的形状，如图 6-2 所示。

④ 利用"文件"|"存储为"菜单命令，将当前图片保存为"结果 6-1.jpg"，关闭当前图片。

图 6-2　图片变形

#### 2．画布操作

① 扩展画布。打开文件"结果 6-1.jpg"，利用菜单命令"图像"|"画布大小"命令打开"画布大小"对话框，并设置参数如图 6-3 所示。

② 翻转画布。重新打开素材"6-1-1.jpg"，利用菜单命令"图像"|"图像旋转"|"水平翻转画布"将杯子图像做水平镜像。

③ 移动杯子。重复操作1中的步骤②，将杯子图像移动到"结果6-1.jpg"文件中。

④ 对齐杯子。利用菜单命令"视图"|"新建参考线"命令打开"新建参考线"对话框，并设置参数如图6-4所示。按照参考线位置移动空白杯子，调整至合适位置。

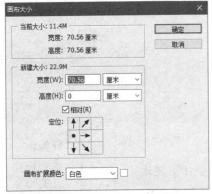

图 6-3　画布大小对话框

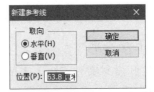

图 6-4　"新建参考线"对话框

## 任务 6-2　毛发抠图

（任务要求）

打开素材文件"6-2-1.jpg"和"6-2-2.jpg"，做如下操作：

① 获取人物形象。

② 保留头发细节，头发间隙处无背景色混入。

③ 将选取内容粘贴到星空背景文档中。

完成后效果图如图6-5所示。

任务 6-2
操作视频

图 6-5　完成任务 6-2 后的效果

（操作步骤）

### 1. 建立选区

① 设置工具参数。从工具箱中选择快速选择工具，在工具选项栏设置工具参数如图6-6所示，同时使用添加到选区功能。

② 选择人物范围。在"6-2-1.jpg"文件中，通过选区工具单击背景像素，建立一个围绕在人物周边的选区，并通过菜单命令"选择"|"反向"实现选区反选。

**2．调整选区**

① 选区边缘调整。利用菜单命令"选择"|"调整边缘"命令打开"调整边缘"对话框，设置视图模式为黑底，勾选智能半径，在工具选项栏设置参数如图 6-7 所示。

② 选择头发区域。如图 6-8 所示在人物头发区域仍有许多白色背景区域，利用调整半径工具在此区域反复涂抹，直到背景区域都变成黑色。

图 6-6　快速选择工具设置　　图 6-7　调整边缘工具选项栏　　图 6-8　初步选区效果

③ 移动选区内图像。在工具箱中选择移动工具，在选区内单击并长按鼠标左键，将图片内容移动至文件"6-2-2.jpg"的标题栏处，随后移动鼠标指针至星空图像的合适位置并放开鼠标。

④ 缩放图像。在利用菜单命令"编辑"|"变换"|"缩放"对小孩图像进行等比例缩放。

## 任务 6-3　制作蓝底 1 寸照片及排版

（任务要求）

打开素材文件"6-3.jpg"，做如下操作：

① 截取图片，填充蓝色图片背景。

② 为图片增加白色边框，并将其定义为新建图案。

③ 利用图案填充功能建立 3×3 的排版效果。

完成后效果如图 6-9 所示。

任务 6-3
操作视频

图 6-9　完成任务 6-3 后的效果

**操作步骤**

### 1. 标准照片制作

① 更改照片尺寸。从工具箱中选择裁剪工具,在工具选项栏设置工具参数如图 6-10 所示,调整图像位置,将裁剪框对齐到图像顶部,在工具栏中单击提交当前裁剪操作按钮,截取 1 寸照片尺寸。

② 照片背景选取。选择魔棒工具,并按照图 6-11 所示修改工具参数,利用魔棒工具在图片背景单击,选取整个白色背景区域。

图 6-10　裁剪工具选项栏　　　　　　　图 6-11　魔棒工具选项栏

③ 更改背景色。设置前景色为 R:0、G:191、B:243,并在选区内利用油漆桶工具填充该颜色。

### 2. 照片排版

① 增加边框。设置背景色为白色,利用菜单命令"图像"|"画布大小"打开"画布大小"对话框,分别增加宽度和高度各 3 毫米。

② 自定义图案。利用"编辑"|"定义图案"菜单命令,基于编辑后的图案创建新图案。

③ 排版。新建画布,参数如图 6-12 所示,随后使用菜单命令"编辑"|"填充"打开填充对话框,选择刚才自定义的图案进行填充。

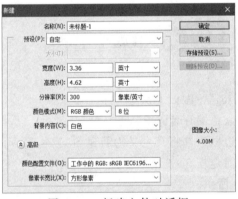

图 6-12　新建文件对话框

## 任务 6-4　面容修饰

**任务要求**

打开素材文件"6-4.jpg",做如下操作:

① 将人物左侧面部斑点去除。

② 去除左眼黑眼圈。

③ 提升皮肤光滑度。

完成后效果如图 6-13 所示。

任务 6-4
操作视频

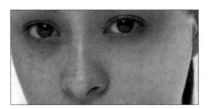

图 6-13 完成任务 6-4 后的效果

**操作步骤**

**1. 去除瑕疵**

① 修补面部斑点。从工具箱中选择修补工具，使用工具默认参数，利用鼠标在面部圈取单一位置斑点，松开鼠标后，形成类似选区的效果，拖动该圈取的斑点图像内容至面部光滑的区域后放开鼠标。并反复此操作，随着面部光滑区域增加，可扩大修补工具圈取的范围。

② 图像柔滑。选择模糊工具，在修补过的区域进行反复的鼠标拖动操作，弥补像素融合不佳的现象。

**2. 眼部修复**

① 提升像素亮度。从工具箱选择减淡工具，设置画笔形状为柔角右手姿势，其余参数设置如图 6-14 和图 6-15 所示，随后在人眼下方黑眼圈处进行涂抹。

② 自然化修补。利用工具箱中的修复画笔工具，设置工具选项栏参数如图 6-16 所示，在眼部下方进行拖动，使肤色自然平滑。

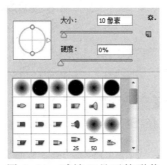

图 6-14 减淡工具画笔形状

图 6-15 减淡工具选项栏 　　　　图 6-16 修复画笔工具选项栏

## 任务 6-5　照片调色

**任务要求**

打开素材文件"6-5.jpg"，做如下操作：

① 对图像颜色中间调进行色彩平衡。

② 使图像亮度和对比度提升。

③ 对图像的红、白、黑三个通道进行颜色校正。

任务 6-5
操作视频

完成后效果如图 6-17 所示。

图 6-17　完成任务 6-5 后的效果

### 操作步骤

#### 1. 调整色调

① 色彩平衡。使用菜单命令"图像"|"调整"|"色彩平衡"打开"色彩平衡"对话框，减少图像中的冷色调，设置参数如图 6-18 所示。

② 调整亮度。利用菜单命令"图像"|"调整"|"曲线"打开"曲线"对话框，调整色彩中间调的亮度与对比度，参数设置如图 6-19 所示。

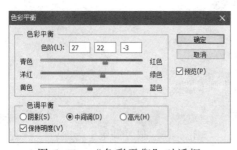

图 6-18　"色彩平衡"对话框

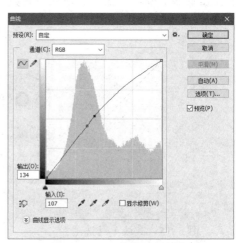

图 6-19　"曲线"对话框

#### 2. 单色调整

① 调整红色。使用菜单命令"图像"|"调整"|"可选颜色"打开"可选颜色"对话框，调整图像中红色像素的色调，具体参数如图 6-20 所示。

② 调整白色。在步骤①中的"可选颜色"对话框设置参数如图 6-21 所示，调整白色像素色调。

③ 调整黑色。同步骤利①，参数设置参考图 6-22。

图 6-20 红色调调整

图 6-21 白色调调整

图 6-22 黑色调调整

## 任务 6-6 制作会议海报

任务 6-6
操作视频

### 任务要求

打开素材文件"6-6-1.jpg"、"6-6-2.jpg"、"6-6-3.tif"、"6-6-4.tif"、"6-6-5.tif"和"6-6-6.tif",做如下操作:

① 为包含图片"权杖"和文字 2019 素材的图层添加金属立体质感效果。

② 为会议名称文字部分添加渐变色。

③ 方块图层显示于云朵图层上方。

④ 每个图层都单独命名并标有不同颜色。

完成后效果如图 6-23 所示。

图 6-23 完成任务 6-6 后的效果

**操作步骤**

### 1. 制作背景

① 设置渐变工具。新建文件，宽度 20 厘米、高度 15 厘米。设置前景色为 R：59，G：157，B：216，背景色为白色。选择工具箱中的渐变工具，在工具选项栏中选择"蓝，黄，蓝渐变"，其余参数设置如图 6-24 所示。

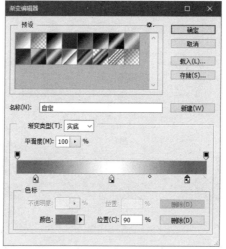

图 6-24　魔棒工具选项栏

② 编辑渐变色。在渐变颜色条上单击以打开渐变编辑器，如图 6-25 所示，编辑左中右三个色条的颜色，分别设为前景色、背景色和前景色。

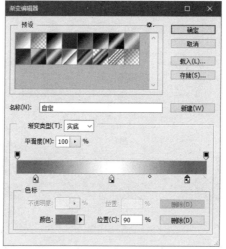

图 6-25　渐变编辑器

③ 填充渐变色。利用填充工具，在画布的中央上方向下拖动鼠标以填充编辑得到的"蓝，白，蓝渐变"。

### 2. 增加海报元素

① 元素图片缩小。使用移动工具将方块元素从"6-6-4.tif"文件中移动到背景文件内，利用菜单命令"编辑"|"变换"|"缩放"来调整图片尺寸，将其宽度降低到 30%、高度降低至 16%。同样的操作移动白云元素并缩放其宽度为 30%、高度 20%。将两个元素分别移动至合适位置。

② 元素图片旋转。使用移动工具将底纹元素移动至背景文件中，使用缩放功能使其宽度变化至原来的 27%、高度降至 16.5%，利用菜单命令"编辑"|"变换"|"旋转"使该元素顺时针旋转 90°，并移动至右侧边际位置。

③ 调整不透明度。在图层面板中将方块元素图层的不透明度设置为 54%，同样将白云元素图层的不透明度设置为 80%。

### 3. 图层样式

① 剔除背景。在文件"6-6-2.jpg"与"6-6-3.tif"中，使用魔棒工具，工具选项栏设置勾选"消除锯齿"项，如图 6-26 所示，单击文件中黑色的文字部分，然后通过编

辑菜单分别进行复制并粘贴至背景文件中，并利用菜单命令"编辑"|"变换"|"缩放"，将"2019"文字图像的宽和高缩小至原尺寸的 60%，将会议名称的文字图像的宽和高缩小至原尺寸的 15%。对文件"6-6-1.jpg"，在设置魔棒工具选项栏勾选"消除锯齿"和"连续"，如图 6-27 所示，多次单击白色背景区域，建立选区。随后利用"选择"|"反向"选择"权杖"图案，并复制粘贴到背景文件中。

图 6-26　魔棒工具选项栏

图 6-27　魔棒工具选项栏

② 渐变色文字填充。再次选中会议名称信息，使用渐变工具，从上到下填充橙、黄、橙线性渐变。

③ 设置图层样式。选中包含"权杖"标志的图层，在图层面板最下方单击"添加图层样式"按钮，为图层添加斜面和浮雕、内发光以及投影效果，参数设置具体见图 6-28。

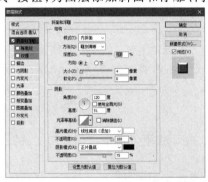
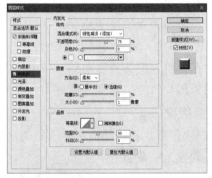

图 6-28　设置图层样式

## 任务 6-7　从海洋到沙漠

任务要求

打开素材文件"6-7-1.jpg"和"6-7-2.jpg"，做如下操作：
① 从海洋图片渐进过渡到沙漠图片。
② 为沙漠图片增加立体浮雕效果。

任务 6-7
操作视频

③ 最终只保留一个图层。

完成后效果如图 6-29 所示。

图 6-29　完成任务 6-7 后的效果

操作步骤

### 1．图像调整

① 图片镜像。在文件 "6-7-2.jpg" 中利用菜单命令 "图像" | "图像旋转" | "水平翻转画布" 将图像做镜像变换。

② 图像缩放。使用快捷键【Ctrl+A】全选 "6-7-2.jpg" 文件中的图像，使用工具箱中的移动工具将沙漠图片移动到 6-7-1 文件内，利用菜单命令 "编辑" | "变换" | "缩放" 来调整图片尺寸，将宽和高放大至 216.5%。

### 2．蒙版操作

① 创建蒙版。在图层面板中选择图层 1，在面板下方单击 "添加图层蒙版" 按钮，为图层 1 创建图层蒙版。

② 渐变填充蒙版。设置前景色为黑色、背景色为白色，选择渐变工具，设置从前景色到背景色的线性渐变填充。在蒙版中，从图像中心偏上的位置向右下方拖动鼠标，填充颜色。

③ 层样式设置。为图层 1 添加斜面和浮雕样式，参数设置如图 6-30 所示。

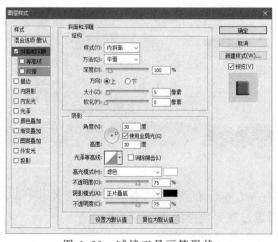

图 6-30　减淡工具画笔形状

### 任务 6-8　眼镜中的世界

**任务要求**

打开素材文件"6-8-1.jpg"和"6-8-2.jpg"，做如下操作：

① 透过眼镜镜片显示沙滩图片的内容。

② 考虑到镜片颜色的变化，需相应调整显示内容的亮度。

③ 按照基底图层和内容图层命名相应图层。

完成后效果如图 6-31 所示。

图 6-31　完成任务 6-8 后的效果

**操作步骤**

**1. 图像调整**

① 图片移动。在文件"6-8-2.jpg"文件中使用快捷键【Ctrl+A】全选，使用工具箱中的移动工具将沙滩图片移动到 6-8-1 文件内。

② 图像缩放。使用菜单命令"编辑"|"变换"|"缩放"来调整图片尺寸，将宽和高缩小至 55%，并移动该图片使其完全覆盖背景图层中的眼镜。

**2. 剪贴蒙版操作**

① 隐藏上层图片。在图层面板中选择图层 1，单击图层缩略图左侧的图标隐藏该图层。在面板下方单击"添加图层蒙版"按钮，为图层 1 创建图层蒙版。

② 选取剪贴区域。在图层面板中选择背景图层，利用快速选择工具选取背景图层中的镜片部分，工具参数如图 6-32 所示。

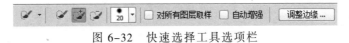

图 6-32　快速选择工具选项栏

③ 剪贴区域填充。在图层面板下方单击"创建新图层"按钮，获得图层 2，选中该图层，设置前景色为白色，使用油漆桶工具，在选区内填充白色。

④ 创建剪贴蒙版。在图层面板中选中图层 1，并设置图层 1 可见，选择菜单命令"图层"|"创建剪贴蒙版"。

⑤ 设置样式。为图层 1 增加渐变叠加样式，参数如图 6-33 所示。

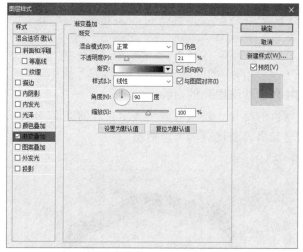

图 6-33　图层样式设置

## 任务 6-9　制作明信片

任务 6-9
操作视频

**任务要求**

打开素材文件"6-9.jpg"，做如下操作：

① 立体文字效果。

② 心形形状。

③ 图片图层与文字图层混合显示。

完成后效果如图 6-34 所示。

图 6-34　完成任务 6-9 后的效果

**操作步骤**

### 1. 形状与文字

① 建立背景。设置背景色为 R:7，G:82，B:219，利用菜单命令"文件"|"新建"打开对话框，按照图 6-35 所示建立新文件。

② 添加文字。从工具箱中选择横排文字工具，在工具选项栏中设置参数如图 6-36 所示，在背景左上角单击并输入 I、BJ，两组字母间需留有空间。

③ 添加形状。从工具箱中选择自定义形状工具，设置前景色为红色，随后设置工

具选项栏如图 6-37 所示。在两组字母中间位置按下鼠标左键并拖动鼠标绘制心形。

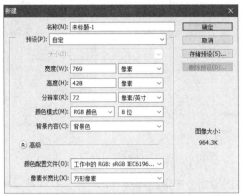

图 6-35 "新建"对话框

图 6-36 文字工具选项栏

图 6-37 形状工具选项栏

### 2．图层美化

① 添加图层样式。在图层面板中选择图层 1，在面板下方单击添加图层样式按钮，为图层 1 添加斜面和浮雕、内阴影、颜色叠加、外发光和投影多种样式，具体参数如图 6-38 所示。

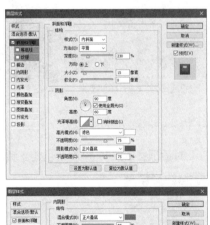

图 6-38 图层样式设置

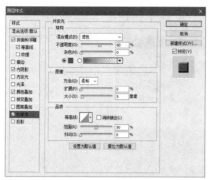 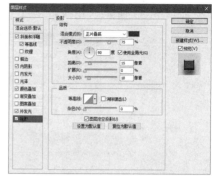

图 6-38　图层样式设置（续）

② 复制图层样式。在图层面板中选择图层 1，右击，在快捷菜单中选择"拷贝图层样式"命令复制步骤①中施加的样式，接着在两个文字图层上分别右击，选择"粘贴图层样式"命令，快速添加样式效果，进入"图层样式"对话框，将当前不同样式选项中红色叠加全改为蓝色。

③ 使用图层蒙版。将素材 6-9 中的图像拖动至背景文件中获得新的图层，在图层面板中将该图层放置在最上方，随后使用面板下部的添加图层蒙版命令为图层添加蒙版。

④ 填充蒙版。在图层面板中选中蒙版，设置前景色为黑色，背景色为白色，选择渐变工具，按照前景色到背景色在蒙版上线性填充，从左上角开始拖动鼠标。

 **任务 6-10　绘制雨伞**

**任务要求**

新建文件，做如下操作：

① 分别建立伞面和伞柄路径。

② 为每个路径建立对应图层。

③ 为路径填充不同的颜色。

完成后效果如图 6-39 所示。

图 6-39　完成任务 6-10 的效果

**任务 6-10 操作视频**

**操作步骤**

**1. 设置参考线**

① 建立背景。利用菜单命令"文件"|"新建"打开对话框，按照图 6-40 所示建立新文件。

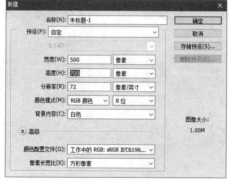

图 6-40　"新建"对话框

② 显示网格。利用菜单命令"编辑"|"首选项"|"参考线、网格和切片"打开"首选项"对话框，设置网格参数如图 6-41 所示。随后通过菜单命令"视图"|"显示"|"网格"打开网格显示。

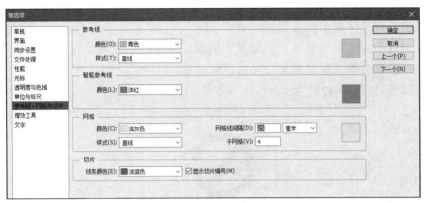

图 6-41 "首选项"对话框

### 2．绘制雨伞

① 绘制路径。在工具箱选择钢笔工具，在左侧上数第三网格内单击，确认第一个锚点位置，不要拖动方向控制柄，在上一个网格的右侧框线中部单击添加第二个锚点，在该行的第三个网格上方框线的中间位置单击添加第三个锚点，右侧按照对称的方法绘制完成伞面上部。接下来向左侧每次移动 3/4 网格绘制锯齿形状的雨伞下边缘。

② 编辑路径。在工具箱选择转换点工具，在几个锚点处分别左右拖动，生成方向控制柄，使路径呈现弧度，初步呈现图 6-39 所示的伞面形状，并在路径区域外的空白处单击，退出编辑状态。在工具箱中选择直接选择工具，单击路径，可以发现所有锚点都变成空心方形，此时能够利用该工具移动锚点位置，以及进一步调整方向控制柄，从而完成伞面的绘制。

③ 路径命名。在路径面板中双击工作路径文字部分，获得存储路径对话框，将路径名称改为伞面。

### 3．雨伞填色

① 创建选区。在路径面板下方单击按钮将路径作为选区载入，使得刚刚绘制的伞面路径称为选区。

② 颜色填充。打开图层面板，利用背景图层和菜单命令"图层"|"新建"|"通过拷贝的图层"为伞面建立新图层。返回路径面板，设置前景色为 R：105，G：196，B：253，并再次将路径转化为选区，之后利用菜单命令"编辑"|"填充"，使用前景色填充伞面。

③ 绘制伞柄。重复以上步骤，类似的绘制伞柄部分。

 任务 6-11　校园禁烟标志

**任务要求**

新建文件，做如下操作：

① 做出具有立体效果的香烟。

② 分别在不同图层绘制香烟、烟灰、烟雾、禁止标志图形。

③ 制作香烟与禁止标记相互交叉的视觉效果。

完成后效果如图 6-42 所示。

图 6-42　完成任务 6-11 后的效果

**操作步骤**

**1．制作香烟图形**

① 建立背景。利用菜单命令"文件"|"新建"打开对话框，按照图 6-43 所示建立新文件。

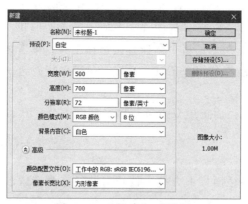

图 6-43　"新建"对话框

② 绘制香烟。在工具箱中选择矩形选框工具，在背景中绘制合适大小的矩形区域。设置前景色为 R：222，G：224，B：223，背景色为白色。

③ 填充颜色。选择工具箱中的渐变工具，在工具选项栏中选择"蓝，黄，蓝渐变"，在渐变颜色条上单击以打开渐变编辑器，编辑左中右三个色条的颜色，分别设为前景色、背景色和前景色，如图 6-44 所示。使用渐变工具在选框中从上到下拖动鼠标以填充颜色。

图 6-44 渐变编辑器

④ 绘制烟蒂。重复步骤③，在烟体左侧绘制烟蒂区域，设置前景色为 R: 255，G: 110，B: 2，利用渐变工具填充。在图层面板中双击图层文字部分，将当前图层重命名为"香烟"。

⑤ 绘制烟灰。在图层面板，通过下方"创建新图层"按钮建立新图层，并重命名为烟灰。在烟体的右侧，利用矩形选框工具分别绘制三个小矩形，并填充黑色。

⑥ 绘制烟雾。建立新图层，利用钢笔工具绘制线段，勾勒出烟雾的效果，随后利用转换点工具，通过调整方向控制柄，增加线段弧度，从而达成烟雾的形状。为该图层命名为"烟雾"，在路径面板下方，单击"将通道作为选区载入"按钮，获得烟雾形状的选区，回到图层面板，选中烟雾图层，利用菜单命令"编辑"|"填充"为其填充黑色。

**2.制作禁烟标志**

① 禁止标志。新建图层命名为"禁止"，设置前景色为红色，在工具箱选择自定义形状工具，在"形状"下拉框选择禁止标记，设置工具选项栏如图 6-45 所示，按【Shift】键同时使用鼠标左键拉出一个大小适中的图像，调整好位置。按住【Ctrl】键，同时单击禁止图层的缩略图，可以将形状载入为选区。

图 6-45 形状工具选项栏

② 穿插效果。单击视图窗口上方的标尺，并向下拖动，在烟体上方和下方分别创建参考线。选择矩形选框工具，在工具选项栏中单击"与选区交叉"按钮，在参考线区域内建立矩形选区，获得禁止标志与烟体的交叉区域。设置背景色为白色，在工具箱中选择橡皮擦工具，擦除红色像素。

③ 录入文字。使用横排文字工具在图形下方单击，按照图 6-46 设置工具参数，随后录入文字"打造无烟校园"。

图 6-46 文字工具选项栏

## 任务 6-12　快速抠出小狗图像

### 任务要求

打开素材文件"6-12.jpg"，做如下操作：

① 保留原始图层。

② 在抠图中包含完整小狗的绒毛。

③ 抠图结果显示在黑色背景中。

完成后效果如图 6-47 所示。

任务 6-12
操作视频

图 6-47　完成任务 6-12 后的效果

### 操作步骤

#### 1．通道操作

① 选取通道。打开通道面板，从中观察哪个通道中小狗图像与背景的对比度最大，随后右击蓝通道，选择复制通道命令。

② 编辑通道。选中获得的复制通道，利用菜单命令"图像"|"调整"|"曲线"打开"曲线"对话框，调整曲线如图 6-48 所示，使得小狗和背景的对比度更加明显。进一步，使用工具箱中的加深工具，将图像中地板的高亮区域颜色加深。单击通道面板下方的"将通道作为选区载入"按钮。

#### 2．图层操作

① 轮廓选取。回到图层面板，按【Ctrl+C】组合键复制利用通道建立的选区，通过图层面板下方的按钮建立新图层，并利用【Ctrl+V】组合键实现粘贴操作，获得小狗图像的绒毛轮廓。

② 快速选择。从工具箱中选取快速选择工具，笔尖大小设置为 40，在小狗主要区域再拖动选取一次，获得主体部分，重复步骤①的复制新建与粘贴操作。

③ 背景填充。删除背景图层，再一次新建图层并将该图层调整至最下层，通过菜单命令"编辑"|"填充"打开图 6-49 所示对话框，将该图层填充黑色。

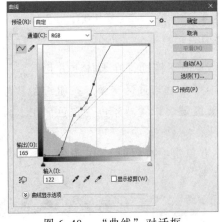

图 6-48　"曲线"对话框

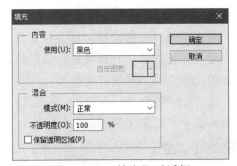

图 6-49　"填充"对话框

## 任务 6-13 制作未来可穿戴设备

### 任务要求

打开素材文件"6-13.jpg",做如下操作:

① 在手臂上添加生理信息显示效果。

② 显示设备与皮肤贴合。

③ 使用形状绘制图案。

完成后效果如图 6-50 所示。

图 6-50 完成任务 6-13 后的效果

### 操作步骤

#### 1. 制作位移模板

① 去色。执行菜单命令"图像"|"调整"|"去色",去除图片中的颜色信息。

② 柔化处理。执行菜单命令"滤镜"|"模糊"|"高斯模糊",打开"高斯模糊"对话框,设置参数如图 6-51 所示。

图 6-51 "高斯模糊"对话框

③ 保存。通过菜单命令"文件"|"存储为"将修改后的图片保存为"模板.psd"。

#### 2. 绘制穿戴设备

① 绘制形状。重新打开素材文件"6-13.jpg",在图层调板中新建图层 1,设置前景色为 R:129,G:236,B:255,用工具箱中的圆角矩形工具绘制浅蓝色矩形。通过组合键【Ctrl+T】进入自由变换状态,调整圆角矩形角度、大小及位置。

② 图层样式。在图层面板下方选择添加图层样式命令为该圆角矩形图层添加内阴影、斜面和浮雕样式,参数参考图 6-52 进行设置。

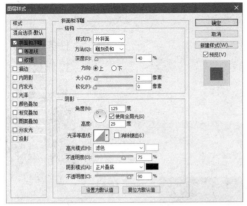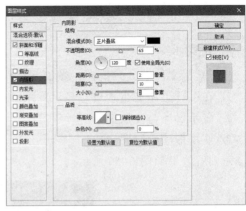

图 6-52　样式对话框

③ 绘制显示信息。利用工具箱中的自定义形状工具和直线工具模拟绘制心电信号。利用横排文字工具分别录入"SpO2%"、"99"和"HR：72"，其中"99"的文字参数设置参考图 6-53，其余文字的参数与图中类似，仅将字体改为 Calibri。同步骤①对文字及图形做角度、大小和位置的调整。

图 6-53　文字工具选项栏

### 3．图片贴合

① 合并图层。在图层面板中，按住【Ctrl】键，同时按住鼠标左键选择除背景图层外的其他绘制图层，右击，选择"合并图层"命令。

② 扭曲滤镜。执行菜单命令"滤镜"|"扭曲"|"置换"，打开"置换"对话框，使用默认参数，选择前面保存的"模板.psd"文件。

③ 图层效果。在图层面板上方选择不透明度为 75%，将正常效果改为"叠加"。右击该图层，选择复制图层获得图层 1 拷贝，设置不透明度为 25%，显示效果为"叠加"。

④ 图层样式。通过图层面板下方的"添加图层样式"按钮，为图层 1 拷贝添加内阴影和内发光样式，具体参数参考图 6-54。

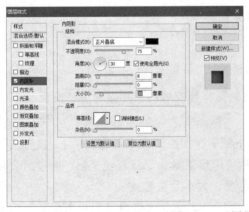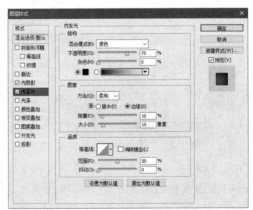

图 6-54　"图层样式"对话框

## 二、扩展练习

### 扩展练习 6-1　撕纸效果

**任务要求**

扩展练习 6-1
操作视频

打开素材文件"K6-1.jpg"，做如下操作：

① 制作撕纸毛边效果。

② 制作文字遮挡效果。

③ 制作撕纸立体效果。

完成后效果如图 6-55 所示。

图 6-55　完成扩展练习 6-1 后的效果图

**操作步骤**

#### 1. 制作撕去纸张区域

① 选区。从工具箱中选择套索工具，在素材左上方绘制不规则矩形。在工具箱中单击"以快速蒙版模式编辑"按钮，进入快速蒙版模式。

② 毛边区域内轮廓绘制。选择画笔工具，在工具选项栏中打开画笔预设选取器。添加自然画笔，随后选择笔尖为炭笔 21 像素，如图 6-56 所示。设置前景色为白色，利用画笔在现有选区周边进行细微涂抹。

③ 不规则效果。为了给撕开的部分再增添一些粗糙感，通过菜单命令"滤镜"|"扭曲"|"波纹"增加滤镜效果，参数设置如图 6-57 所示。随后在工具箱中单击"以标准模式编辑"按钮，返回标准模式。

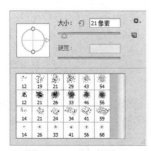

图 6-56　笔尖设置

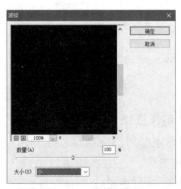

图 6-57　滤镜设置

④ 区域保存。打开通道面板，单击"将选区存储为通道"按钮，将刚绘制得到的撕掉部分区域保存为 Alpha 通道。

**2．制作撕开效果**

① 毛边区域外轮廓。打开图层面板，通过下方"创建新建图层"按钮，新建图层 1。利用菜单命令"选择"｜"修改"｜"扩展"来扩展当前选区，参数设置如图 6-58 所示。

② 毛边外轮廓粗糙化。再次进入快速蒙版模式，选择画笔工具，设置前景色为白色，沿当前选区周边描绘。随后退出快速蒙版模式。

③ 形成毛边区域。通过菜单命令"选择"｜"载入选区"，打开"载入选区"对话框，按照图 6-59 设置相应参数。

图 6-58　扩展设置　　　　　　　　　　图 6-59　"载入选区"设置

④ 毛边效果设置。通过图层面板新建图层 2，利用菜单命令"编辑"｜"填充"，为选区填充白色。在图层面板中，右击图层 2，选择"复制图层"命令，获得图层 2 拷贝，参照图 6-60 为新图层增加投影图层样式。被撕开的纸张下半部分是不需要阴影的，因此利用矩形选框工具，选出撕开区域的下半部分，并按【Delete】键删除。

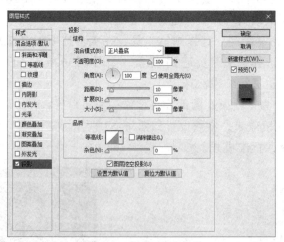

图 6-60　设置投影参数

**3．制作纸张卷起效果**

① 确定卷起部分区域。新建图层，从工具箱中选择套索工具，绘制纸张卷起区域。选择渐变工具，在工具选项栏中设定为灰、白、灰渐变，通过渐变编辑器参照图 6-61 更改渐变颜色组合模式，并在选区内从左到右填充颜色。

② 卷起部分效果设置。通过图层调板下方的"添加图层样式"按钮，参照图 6-62 为其添加投影样式。

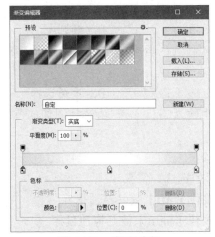

图 6-61　渐变编辑

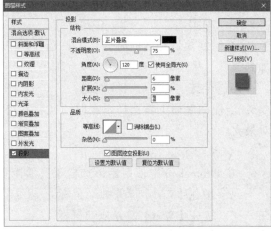

图 6-62　设置投影参数

③ 添加文字。在工具箱中选择横排文字工具，设置前景色的 RGB 值分别为 239,166,27，并在工具选项栏中按照图 6-63 设置参数。随后在撕开区域内输入文字"新年有惊喜"。在图层面板中将文字图层移至图层 3 下方，如图 6-64 所示。

图 6-63　画笔工具选项栏

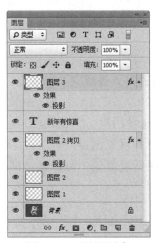

图 6-64　图层顺序

## 三、自测题

（一）单选题

1. 在 Photoshop 中，（　　）是图像构成的基本单位。

　　A. 毫米　　　　　　B. 像素　　　　　　C. 英寸　　　　　　D. 厘米

2.（　　　）是 Photoshop 软件的专用图像文件格式。

　　A．TIF　　　　　　B．PNG　　　　　　C．BMP　　　　　　D．PSD

3. 选框工具系列中包括矩形、（　　　）、单行和单列选框工具。

　　A．梯形　　　　　　B．多边　　　　　　C．三角　　　　　　D．椭圆

4. 在绘制矩形选区的时候，工具选项栏中包括 4 种选区运算按钮，分别为新选区、添加到选区、从选区中减去和（　　　）。

　　A．全选　　　　　　B．反选　　　　　　C．与选区交叉　　　D．重新选择

5. 当使用魔棒工具选择图像时，在容差选项框中输入（　　　），所选择图像的范围相对最大。

　　A．3　　　　　　　B．6　　　　　　　C．12　　　　　　　D．24

6. 在 Photoshop 中使用矩形选框工具绘制正方形的选区，需要（　　　）。

　　A．按住【Ctrl】键并拖动鼠标　　　　　B．按住【Alt】键并拖动鼠标

　　C．按住【Win】键并拖动鼠标　　　　　D．按住【Shift】键并拖动鼠标

7. 油漆桶工具可以将颜色和（　　　）填充到特点区域。

　　A．形状　　　　　　B．选区　　　　　　C．图案　　　　　　D．路径

8. 在 Photoshop 中，渐变工具可以使用线性渐变、（　　　）、角度渐变、对称渐变等方式对图像进行填充操作。

　　A．镜像渐变　　　　B．平面渐变　　　　C．径向渐变　　　　D．维度渐变

9. Photoshop 中使用仿制图章工具时需要先配合使用（　　　）键进行仿制点取样。

　　A．【Ctrl】　　　　B．【Alt】　　　　C．【Shift】　　　　D．【Win】

10. 在使用曲线工具调整图像的色调时，向上调整曲线，则图像会（　　　）。

　　A．变红　　　　　　B．变亮　　　　　　C．变蓝　　　　　　D．变暗

11. Photoshop 图层的不透明度决定了当前图层能够允许下层图层透出的程度，（　　　）的不透明度将使图层几乎完全透明。

　　A．1%　　　　　　B．20%　　　　　　C．50%　　　　　　D．100%

12.（　　　）命令可将当前选择图层与下面的图层合并为一个图层。

　　A．向下合并　　　B．合并可见图层　　C．拼合图像　　　D．以上都正确

13. 下列（　　　）不属于在图层面板中可以调节的参数。

　　A．透明度　　　　　　　　　　　　B．显示隐藏当前图层

　　C．编辑锁定　　　　　　　　　　　D．图层的大小

14.（　　　）操作可以复制一个图层。

　　A．"编辑" | "复制"

　　B．"图像" | "复制"

　　C．"文件" | "复制图层"

　　D．将图层拖动到图层面板下方创建新图层的图标上

15. Photoshop 不支持（　　　）蒙版模式。

　　A．图层蒙版　　　B．剪贴蒙版　　　　C．快速蒙版　　　D．粘贴蒙版

16. 路径可由（　　　）工具绘制。

A. 铅笔　　　　　　B. 画笔　　　　　　C. 钢笔　　　　　　D. 仿制图章

17. 要选取和移动整个路径，可以使用（　　）。

A. 移动工具　　　B. 转换点工具　　　C. 直接选择工具　　D. 路径选择工具

18. 关于图层蒙版叙述正确的是（　　）。

A. 图层蒙版的编辑直接作用于图像像素

B. 图层蒙版不可以显示或隐藏部分图像

C. 使用图层蒙版可在保持原图像的方式下很好地混合两幅图像

D. 使用蒙版可以改变文件大小

19. 在 Photoshop 中使用文字工具录入时，如需要进行回车换行，则可以使用（　　）。

A.【Tab+Del】　B.【Enter】　　　C.【Ctrl+Enter】　　D.【Alt+Enter】

20. 在 Photoshop 中对文字图层进行栅格化后，可以对其执行（　　）操作。

A. 修改文字大小　　　　　　　　B. 修改文字字体

C. 添加滤镜效果　　　　　　　　D. 修改文本内容

21. 如果某图像不够清晰，可以在 Photoshop 中使用（　　）滤镜进行调整。

A. 噪音　　　　　　B. 风格化　　　　　C. 锐化　　　　　　D. 扭曲

22. 如果要在 Photoshop 中处理图像的某个局部，首先要进行选取，以下对于选区描述错误的是（　　）。

A. 选中编辑图像对象的过程就是选取

B. 可用"套索"工具创建轮廓不规则的选区

C. 可用"钢笔"工具绘制出高精度的图像边缘并将其转换为选区

D. 选区不可被取消

23. 在 Photoshop 中，以下不能进行颜色设置的方法是（　　）。

A. 吸管工具　　　B. 变换命令　　　C."颜色"调板　　D."色板"调板

24. 在 Photoshop 中，魔棒的功能是（　　）。

A. 可迅速更改图像颜色　　　　　B. 可自动调节色阶

C. 可选中颜色相近的区域　　　　D. 可选取图像上所有指定的颜色

25. 在 Photoshop 中，关于图层操作的叙述，正确的是（　　）。

A. 新建图层都是白色的　　　　　B. 图层的位置可调整

C. 合并后的图层比原图层大　　　D. 文字层上可以直接绘制图形

26. 在 Photoshop 中，关于蒙版的描述不正确的是（　　）。

A. 快速蒙版实际是一个临时蒙版，经常与选区操作联合使用

B. 图层蒙版是最为常用的蒙版类型之一

C. 图层蒙版上只有灰度颜色，没有彩色

D. 蒙版层可将不同灰度的颜色值转化成为不同的透明度，黑色是完全不透明，白色是完全透明

27. 以下关于位图图像描述错误的是（　　）。

A. 位图图像由许多的像素组成

B. 像素记录了当前位置的色彩、亮度和属性等信息

C. 分辨率描述了像素点阵排列的疏密程度

D. 图像的分辨率不可更改

28. （　　）操作可以将背景图层转换为普通图层。

　　A. 将图层面板中背景图层的缩略图拖到图层面板中的创建新图层按钮上即可

　　B. 执行"图层"|"新建"|"背景图层"命令，在弹出的对话框中单击确定

　　C. 双击背景图层的缩略图，在弹出对话框中单击确定

　　D. 将图层面板中背景图层的缩略图拖到图层面板中的删除图层按钮上即可

29. 使用背景橡皮擦工具擦除图像后，该区域颜色变为（　　）。

　　A. 透明色　　　　　　　　　　　B. 白色

　　C. 与当前所设的背景色颜色相同　　D. 与当前所设的前景色颜色相同

30. （　　）工具可以调整图像饱和度。

　　A. 涂抹　　　　B. 海绵　　　　C. 加深　　　　D. 减淡

（二）多选题

1. Photoshop 中可以使用（　　）工具去除人物照片脸部的斑点。

　　A. 修复画笔工具　　　　　　　　B. 修补工具

　　C. 颜色替换工具　　　　　　　　D. 污点修复画笔工具

2. 在 Photoshop 中关于钢笔工具的说明正确的是（　　）。

　　A. 使用钢笔工具可以建立路径　　B. 与画笔工具的作用相同

　　C. 钢笔工具不能直接建立选区　　D. 与铅笔工具的作用相同

3. 在 Photoshop 中，（　　）操作可以生成一个新图层。

　　A. 在图层面板中拖动当前图层到"新建图层按钮"后放手

　　B. 使用横排文字蒙版工具

　　C. 通过复制/粘贴操作

　　D. 使用横排文字工具

4. 在 Photoshop 中，以下说法错误的是（　　）。

　　A. BMP 是矢量图文件格式

　　B. 可以建立一个透明背景的 RGB 文件

　　C. Photoshop 主要用于编辑矢量图

　　D. 可以利用菜单命令"文件"|"存储为"将一个打开的素材文件保存为多个副本

5. 在 Photoshop 中建立新文件时，可以设定（　　）。

　　A. 图像的名称　　　　　　　　　B. 图像的大小

　　C. 图像的色彩模式　　　　　　　D. 图像的存储格式

6. 下面对于图像大小与画布大小调整命令描述正确的是（　　）。

　　A. 图像大小命令可以改变图像分辨率

　　B. 画布大小命令可以在不损失像素的情况下缩小图像

　　C. 图像大小命令可以扩展画布

　　D. 画布大小命令可以扩展画布

7. 下面有关仿制图章工具的使用描述正确的是（　　　）。

　　A. 仿制图章工具只能在本图像上取样并用于本图像中

　　B. 仿制图章工具可以在任何一张打开的图像上取样并用于任何一张图像中

　　C. 仿制图章工具一次只能确定一个取样点

　　D. 在使用仿制图章工具时，可以改变画笔的大小

8. Photoshop 中变换命令可以进行（　　　）操作。

　　A. 缩放　　　　　　　B. 旋转　　　　　　　C. 透视　　　　　　　D. 裁切

9. Photoshop 中，当前图像中存在有一个选择区域，但"编辑"菜单中的"填充"命令无法被激活，其原因可能是（　　　）。

　　A. 选区太小了　　　　　　　　　　B. 当前选择的图层是一个隐藏的图层

　　C. 当前选择图层是文字图层　　　　D. 没有单击选取确认按钮

10. Photoshop 中使用魔棒工具单击图像，选中色彩范围的大小与（　　　）有密切关系。

　　A. 容差值　　　　　　　　　　　B. "连续"选项

　　C. 对所有图层取样　　　　　　　D. 单击的位置

（三）判断题

1. 图像的通道数量是由图像的色彩模式而决定的。 （　　　）

2. 同一图像的所有通道都有相同数目的像素点和分辨率。 （　　　）

3. 图像中的像素数量取决于图像的颜色模式。 （　　　）

4. 背景图层始终是在所有图层的最下面。 （　　　）

5. 背景转化为普通的图层后，可以执行图层所能执行的所有操作。 （　　　）

6. 由于形状是矢量的，因此具有与图像分辨率无关的特性，从而在输出时可以获得较高的质量。 （　　　）

7. 更改图像分辨率不会影响图像所占硬盘空间的大小。 （　　　）

8. 油漆桶工具可根据像素颜色的近似程度来填充背景色。 （　　　）

9. 在打开的图像窗口的标题栏部分会显示当前选中的图层名称。 （　　　）

10. 不能将 CMYK 颜色模式图像转换为 RGB 模式。 （　　　）

# 第7章
## »Dreamweaver CC 网页制作

### 一、基本任务

#### 任务 7-1　新建网站与网站首页

任务要求

① 建立新网站：在 D 盘根文件夹下创建站点文件夹 D:\HereIsBj，站点名称：这里是北京，指定站点图像文件夹 D:\ HereIsBj \images。

② 使用表格布局网站首页、插入图像定义超链接。

③ 应用 CSS 伪类制作鼠标悬停效果。

| 任务 7-1 操作视频 1 | 任务 7-1 操作视频 2 | 任务 7-1 操作视频 3 |

操作步骤

**1. 新建网站**

① 建立站点文件夹。新建 D:\ HereIsBj 作为站点根文件夹，在 D:\ HereIsBj 创建子文件夹 D:\HereIsBj \images，作为站点图像文件夹。

② 指定站点根文件夹。启动 Dreamweaver CC，选择菜单命令"站点"|"管理站点"，弹出图 7-1 所示的管理站点对话框，单击"新建站点"，在站点设置对话框中，"站点名称"编辑框中输入"这里是北京"，如图 7-2 所示；单击"本地站点文件夹"右侧的"浏览文件夹"按钮，选择 D:\HereIsBj，单击"选择文件夹"。

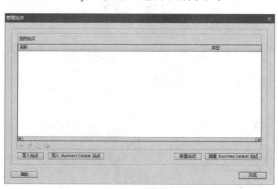

图 7-1　"管理站点"对话框

图 7-2　站点设置对话框

③ 设置默认图像文件夹。在图 7-2 所示的对话框中，单击左侧的"高级设置"下的本地信息，弹出图 7-3 所示的对话框，单击"默认图像文件夹"右侧的"浏览文件夹"按钮，打开 D:\HereIsBj 下的 images 文件夹，单击"选择文件夹"；不勾选"区分大小写的链接检查"，保证后续的链接文件，文件名的大小写系统不做区分。单击"保存"按钮，回到图 7-1 所示对话框，单击完成。

图 7-3　站点高级设置

④ 生成站点文件。在图 7-1 所示的对话框中，单击"导入站点"上方的"导出当前选定站点"按钮，在弹出的对话框中，选择站点文件夹 D:\ HereIsBj，输入文件名"HereIsBj"，如图 7-4 所示，单击"保存"按钮。系统自动在"D:\ HereIsBj"文件夹下生成"HereIsBj.ste"。

图 7-4　"导出站点"对话框

### 2．网站首页

① 网站首页结构。图 7-5 所示为网站首页相关素材文件，网站结构图如图 7-6 所示。

图 7-5　网站首页效果

| 网站首页宣传图像 1000×250 | |
|---|---|
| 北京地图<br>670×660 | 历史 330×100 |
| | 美景 330×230 |
| | 美食 330×330 |
| 网站底部版权注册信息 1000×60 | |

图 7-6　网站首页结构图

② 创建主页文件。新建空白网页，单击"文件"│"保存"，将文件命名为 index.html。

③ 插入表格。单击"插入"│"表格"，在弹出的对话框中，表格参数为 3 行 2 列，宽度 1000 px，其余元素为 0；单击"确定"按钮回到工作区，单击"格式"│"对齐"│"居中对齐"，使表格居中显示。

④ 设置表格属性。同时选取第一行的两个单元格，右击，选择"表格"│"合并单元格"，在属性检查器中，将高度设置为 250 px。

单击第二行的左侧单元格，在属性检查器中，设置宽度 670 px，高度 660 px，垂直居中；单击右侧单元格，宽度设置为 330 px；单击"插入"│"表格"，在弹出的对话框中，表格参数为 3 行 1 列，宽度 100%；选取三个单元格，在属性检查器中，设置垂直居中，每个单元格高度分别为 100、230、330。

⑤ 插入图片。在单元格中插入素材文件夹图像"top.jpg"、"bjmap.jpg"、"history.jpg"、"scene.jpg"和"food.jpg"，单击第二行每一张图片，在属性检查器中，在链接后面的编辑框中输入"#"，表示图像是一个超链接，以后会链接其他网页。

⑥ 输入文字。选择第三行的三个单元格，右击，选择"表格"│"合并单元格"，输入"版权所有，翻版必究"；在属性检查器中，将高度设置为 60 px，水平居中对齐，垂直居中对齐。

⑦ 保存文件。单击"文件"|"保存",单击文档工具栏中的"在浏览器中预览"下拉按钮,选择一种浏览器,单击不同元素,观察页面的变化。至此,首页制作完成。必要时备份站点文件夹。

### 3. CSS 伪类制作鼠标悬停效果

① 新建 CSS 文件。将文件保存在站点文件夹下的 style 文件夹下,命名为"imgstyle.css"。

② 为首页附加样式文件。在文件面板双击"index.html",在 CSS 设计器面板中,单击"源"右侧的"+"添加 CSS 源按钮,在下拉列表中选择"附加现有的 CSS 文件",在弹出的对话框中,单击浏览,定位到"imgstyle.css"。单击"确定"按钮回到工作区。

③ 添加鼠标悬停效果。在 CSS 设计器面板单击"imgstyle",在选择器面板,单击"+"添加选择器,输入".myimg: "后在弹出的下拉列表中选择"hover";单击选择器中的".myimg:hover",在下方的属性面板,单击边框按钮,找到 border-color,将颜色设置为红色(FF0000),boder-style 设置为 solid,box-shadow 下方的 h-shadow、v-shadow 均设置为 6 px,color 设置为灰色(666666),至此悬停效果制作完成。

④ 应用样式。依次单击第二行右侧的每一张图像,在属性检查器中,从 class 右侧的下拉列表中选择"myimg"。

⑤ 保存文件。单击"文件"|"保存",单击文档工具栏中的"在浏览器中预览"下拉按钮,选择一种浏览器,观察网页变化。

## 二、扩展练习

### 扩展练习 7-1 DIV 制作网页布局

(任务要求)

使用 DIV+CSS 布局,完成导航栏、表单等制作。

制作图 7-7 所示的页面布局。

(操作步骤)

扩展练习 7-1 操作视频 1    扩展练习 7-1 操作视频 2    扩展练习 7-1 操作视频 3

### 1. DIV 布局

① 新建空白网页。单击"文件"|"保存",将网页保存为"demo_div.html"。

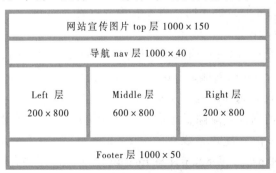

| 网站宣传图片 top 层 1000×150 | | |
| --- | --- | --- |
| 导航 nav 层 1000×40 | | |
| Left 层 200×800 | Middle 层 600×800 | Right 层 200×800 |
| Footer 层 1000×50 | | |

图 7-7 扩展练习 7-1 的 DIV 布局

② 新建 DIV 并设置 top 层 CSS 规则。单击"插入"|"DIV"，在弹出的"插入 Div"对话框中的 ID 项输入 top，如图 7-8 所示。单击"新建 CSS 规则"，在弹出的"新建 CSS 规则"对话框中单击"确定"按钮，如图 7-9 所示，在规则定义对话框中，左侧的分类中选择方框，输入宽度 1000 px，高度 150 px；去掉 margin 的"全部相同"，将 Right、Left 边缘设置为 auto，实现 top 层居中，Top、Bottom 边缘设置 10 px；设置如图 7-10 所示，单击"确定"按钮，回到工作区。

图 7-8 "插入 Div"对话框

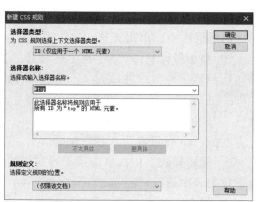

图 7-9 "新建 CSS 规则"对话框

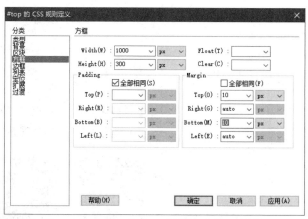

图 7-10 "#top 的 CSS 规则定义"对话框

③ nav 层的建立与设置。在 top 层下方单击，建立导航层，ID 为 nav，宽度 1000 px，高度 40 px，去掉 margin 的全部相同，将左右边缘设置为 auto。

④ main 层的建立与设置。在 nav 层下方单击，建立主工作层，ID 为 main，宽度 1000 px，高度 800 px，将 clear 设置为 both。因为导航层的菜单项如果使用列表实现时都是浮动的，如果不做 clear 设置，main 层内部的 left 和 right 就会错乱；去掉 margin 的"全部相同"，margin 的左右边缘设置为 auto。

⑤ 设置 main 层的内部。删除工作层 main 内部的文字，将左侧目录 ID 设置为 left，宽度 200 px，高度 800 px；将 float 设置为 left；在工作层 left 右侧单击，建立主显示层，ID 为 middle，宽度 600 px，高度 800 px；将 float 设置为 left；建立右侧列表层，ID 为 right，宽度 200 px，高度 800 px；将 float 设置为 left。

⑥ footer 层的建立与设置。由于 main 嵌套了一层，难以在 main 层之外单击，切换至代码视图，在</body>之前单击进行光标定位，再次回到设计视图，建立页面底层，ID 为 footer，宽度 1000 px，高度 50 px；将 clear 设置为 both，去掉 margin 的"全部相同"，将左右边缘设置为 auto，在 footer 层输入"版权所有，素材来自网络"，在属性选择器中设置居中对齐。

⑦ 保存文件。单击"文件"｜"保存"，单击文档工具栏中的"在浏览器中预览"下拉按钮，选择一种浏览器，观察页面的变化。

### 2．导航栏制作

① 建立导航文件。导入站点，打开"demo_div.html"，将文件另存为"demo_nav.html"。

② 导入文字。删除 nav 层的示例文字，复制素材文件夹下的"导航文字.txt"中 [template]下的文字到 nav 层，选取所有文字，单击"格式"｜"列表"｜"项目列表"。

③ 设置背景。在代码视图中找到"#nav"，添加"background:#999;"。

④ 新建 CSS 文件。将文件保存在站点文件夹下的 style 子文件夹下，命名为"navstyle.css"。打开"demo_nav.html"，在 CSS 设计器面板中，单击"源"右侧的"+"添加 CSS 源按钮，在下拉列表中选择"附加现有的 CSS 文件"，在弹出的对话框中单击浏览，定位到"navstyle.css"。单击"确定"回到工作区。

⑤ 设置导航栏格式。在 CSS 设计器面板单击"navstyle.css"，在选择器面板单击"+"添加选择器，输入". mylist"。单击选择器中的".mylist"，在下方的属性面板，单击布局，设置 width 为 120 px，float 为 left，单击文本按钮，设置 line-height 为 40 px，text-align 为 center，color 为 FFFFFF，vertical-align 为 middle，单击"其他"，设置 list-style-type 为 none。

⑥ 应用导航栏格式。逐个选取 nav 层的列表项，单击属性选项选择器 HTML 选项卡，在"类"右侧的下拉列表中选取 mylist。

⑦ 设置导航项的超链接。选择每一项，在属性检查器中的链接后面的编辑框输入"#"。

⑧ 设置导航栏文字的鼠标指向格式。在 CSS 设计器面板单击"navstyle.css"，在选择器面板，单击"+"添加选择器，输入"a: "后，在弹出的下拉列表中选择"hover"；单击选择器中的"a:hover"，在下方的属性面板，单击文本，找到 color，设置为 FFFFFF；单击背景，找到 background-color，设置为 F00。

⑨ 设置导航栏访问后的文本格式。在 CSS 设计器面板单击"navstyle"，在选择器面板单击"+"添加选择器，输入"a: "后，在弹出的下拉列表中选择"link"；单击选择器中的"a:link"，在下方的属性面板，单击文本，找到 color，设置为 FFFFFF，找到 text-decoration，设置为 none；单击布局，找到 display，设置为 block。打开文件"navstyle.css"，单击代码视图，找到"a:link"，在后面输入",a:visited"，使得导航栏的文字即使被访问过了，也显示白色。

⑩ 保存文件。单击"文件"｜"保存"，单击文档工具栏中的"在浏览器中预览"下拉按钮，选择一种浏览器，观察页面的变化。必要时备份站点文件夹。

### 3．导航栏搜索框的制作

① 新建文件。导入站点，打开"demo_nav.html"，将文件另存为"demo_navSearch.html"。

② 插入表单。代码视图下，将光标置于导航列表的后面，单击"插入"｜"表单"｜"表单"。

③ 输入表单代码。单击代码视图，找到 form 标签，加入如下代码：

```
<form action="" >
    <input type="search" />
    <input type="button" value="搜索"/>
</form>
```

在 form 标签对的外围增加包围的 div 标签：

```
<div align="right" style="padding-right:30px; line-height:40px;vertical
-align:middle;">
    <form>………</form>
</div>
```

使得搜索栏右侧空出 30 px，垂直居中显示。

④ 保存文件。单击"文件"｜"保存"，单击文档工具栏中的"在浏览器中预览"下拉按钮，选择一种浏览器，观察页面的变化。

 **扩展练习 7-2 模板应用**

 扩展练习 7-2 操作视频 1

 扩展练习 7-2 操作视频 2

 扩展练习 7-2 操作视频 3

**任务要求**

本任务的重点是模板，主要包括模板布局、子网页的生成。

制作如图 7-11 所示页面。

图 7-11　模板子页面

**操作步骤**

### 1. 模板制作布局

① 新建文件。导入站点。打开"demo_navSearch.html",将文件另存为"food.html"。

② 设置高度。单击代码视图,找到"#top",将高度更改为 300 px。

③ 插入鼠标经过图像。选取 top 层示例文字,单击"插入"|"图像"|"鼠标经过图像",在弹出的对话框(图 7-12)中,将"原始图像"设置为素材文件下的"food_gt.jpg","鼠标经过图像"设置为"food_xc.jpg"。

图 7-12 设置鼠标经过图像

④ 导入文字。将 nav 层的示例文字替换为素材文件夹下"导航文字.txt"中 food 下的文字。

⑤ 设置层属性。单击代码视图,为 middle 层增加属性"overflow:scroll;"。

⑥ 设置 right 层。选取 right 层示例文字,输入"北京十大特色美食排行",在属性检查器中,设置为标题 3,红色;居中,回车;打开"排行榜.xlsx",将其中的美食工作表数据复制到其中。

⑦ 保存成模板。单击"文件"|"另存为模板",在弹出的对话框中,输入模板文件名"food",单击保存,系统自动生成 Templates 文件夹,并且将"food.dwt"存放于其中。

⑧ 设置模板可编辑区域。在代码视图中同时选取 left 层和 middle,切换到设计视图,单击"插入"|"模板"|"可编辑区域",弹出"模板区域名称"对话框,单击确定,回到工作区。单击"文件"|"保存",保存模板文件。

### 2. 模板生成子网页

① 新建文件。导入站点。单击"文件"|"新建",在新建文档对话框中,依次选择"网站模板"|"这里是北京"|"food",单击"创建"按钮,如图 7-13 所示。单击"文件"|"保存",将文件命名为"food_xc.html"。

② 设置链接。打开模板文件"food.dwt",选取导航中的"首页",在属性检查器对应的链接设置为"index.html";选取"特色小吃",在属性检查器中将对应的链接设置为"food_xc.html"。

同样方法重复步骤①、②,选取"宫廷菜",对应的链接设置为"food_gt.html"。

图 7-13　由模板创建文档对话框

③ 文件的保存与更新。单击"文件"|"保存"，由于我们对模板增加了链接，系统会自动弹出更新模板文件对话框，如图 7-14 所示，单击"更新"按钮，在弹出的对话框中显示更新过程，更新完毕后，单击关闭，回到工作区。

图 7-14　"更新模板文件"对话框

④ 保存全部子文件。单击"文件"|"保存全部"，保存由模板派生的所有子网页。

⑤ 预览网页。单击文档工具栏中的"在浏览器中预览"下拉按钮，选择一种浏览器浏览网页，注意浏览器地址栏的变化。

**3．制作特色小吃子网页**

① 新建文件。导入站点。打开文件"food_xc.html"，选取可编辑区域左侧示例文字，打开素材文件夹"北京风味特色小吃.txt"，将第一段内容复制到其中。

② 导入文字。选取中间的可编辑区域示例文字，打开素材文件夹"北京风味特色小吃.txt"，将第一段之后的内容复制到其中。

③ 插入图像。将光标移到每个小吃介绍之后回车，插入素材文件夹下的图像，并将每一张图像的宽度统一设置为 520 px，居中显示。

④ 同样方法完成"food_gt.html"网页的制作。

⑤ 单击"文件"|"保存全部"。

⑥ 打开"index.html"，单击"美食攻略"图片，在属性检查器中，设置链接指向"food_xc.html"，单击文档工具栏中的"在浏览器中预览"下拉按钮，选择一种浏览器，观察网页页面的变化。

扩展练习 7-3　iframe 布局

**任务要求**

本任务的重点是 iframe，主要包括 iframe 布局和 jQuery UI Accordion 的使用。

制作如图 7-15 所示页面。

图 7-15　扩展练习 7-3 完成后的效果

**操作步骤**

### 1．iframe 制作布局

① 新建文件。导入站点。打开"demo_navSearch.html"，将文件另存为"tour_iframe.html"。

② 设置各层属性。单击代码视图，找到"#top"，将 height 更改为 460 px。找到"#left"，将 width 改为 250 px。找到"#right"，将 width 更改为 200 px。找到"#middle"，将 width 更改为 550 px。

③ 编辑 top 层。选取 top 示例文字，单击"插入"｜"图像"，插入素材文件夹的素材"tour_top.jpg"。

④ 编辑 nav 层。删除 nav 层的示例文字，输入素材文件夹下的"导航文字.txt"中 tour 下的文字替换原有的 nav 层文字。

⑤ 编辑 right 层。选取 right 示例文字，输入"北京十大旅游景点排行"，选取所有文字，在属性检查器中设置为标题 3，居中，红色字体，加粗，回车。打开文件"排行榜.xlsx"，将工作表景点中的内容复制到其中。在 HTML 标签栏选取 table 标签，设置 cellSpace 为 1。

⑥ 新建空白网页，将文件命名为"tour_default.html"，将素材文件夹下的"北京旅游资源.txt"内容复制到其中，保存文件。

⑦ 设置 middle 层。选取 middle 层示例文字，单击"插入"|"iframe"，自动切换到拆分视图，在左侧的代码视图手动设置 name、width、height、src 属性，输入下面的代码：

```
<iframe name="main" width="550px" height="800px" style="overflow:scroll"
src="tour_default.html"></iframe>
```

此处的 iframe 的 name 属性值，在后面练习中设置网页超链接时，对应的目标需要再次使用。

⑧ 保存文件。单击"文件"|"保存"，单击文档工具栏中的"在浏览器中预览"下拉按钮，选择一种浏览器，浏览网页。

**2．jQuery UI Accordion 与 iframe 的应用**

① 新建文件。导入站点，打开文件"tour_iframe.html"，另存为"tour.html"。

② 插入 jQuery UI Accordion。选取 left 示例文字，单击"插入"|"jQuery UI"|"Accordion"，将"部分 1"，修改为"中心城区"，将下方的内容 1 修改为素材文件"导航文字.txt"中"中心城区"的内容；选取城六区文字，单击"格式"|"缩进"。将"部分 2"，修改为"周边城区"，单击右侧眼睛，将下方的内容 2 修改为素材文件"导航文字.txt"中"周边城区"的内容，单击"格式"|"缩进"。

③ 设置链接页。新建空白网页，将其命名为"haidian.html"，把素材文件夹下的"haidian.txt"复制到其中，保存文件；选取左侧的"海淀"，在属性检查器 html 选项卡中，将链接设置为"haidian.html"，目标后面的编辑框中输入"main"，即 iframe 的名称。

④ 同样方法重复步骤③，完成其他下拉菜单对应网页的制作以及链接设置。

⑤ 设置导航栏链接。选取导航栏的首页，在属性检查器中，将链接设置为"index.html"，保存文件；打开"index.html"，单击第二行右侧第二个图像，设置链接指向"tour.html"。

⑥ 预览网页。单击文档工具栏中的"在浏览器中预览"下拉按钮，选择一种浏览器，观察网页页面的变化。

## 三、自测题

**（一）单选题**

1. 下面的文件扩展名，（　　　）表示静态网页文件。

  A．html    B．php     C．jsp     D．perl

2. 有关导入站点正确的是（　　　）。

  A．导入站点只需要定位到扩展名为.ste 的站点名称文件即可

  B．站点文件夹分区改变时，需要重新编辑站点

  C．站点文件夹分区改变时，导入站点后对应的站点文件夹也会发生改变

  D．站点文件夹分区改变时，导入站点后对应的图像文件夹也会发生改变

3. 有关文档工具栏中的视图，描述错误的是（　　　）。

  A．拆分视图，可以同时访问代码视图和设计视图

  B．拆分视图默认垂直拆分工作区，也可以设置为上下拆分

C. 实时视图，既不能编辑设计视图的内容，也不可以修改代码视图中的内容

D. 实时视图，不能编辑设计视图的内容，可以修改代码视图中的内容

4. 有关 HTML 文档的构成，错误的是（　　　）。

　　A. <!DOCTYPE>不是 HTML 标签

　　B. 网页以< html>开始，以</html>结束

　　C. head 标签对<head>...</head>中的内容均不在浏览器显示

　　D. 网页所有元素都在位于<body>标签对内部

5. 下列关于 <head>标签对之间的若干标签描述错误的是（　　　）。

　　A. title 设置网页标题

　　B. meta 标签用来定义页面关键字、页面描述和版权等信息

　　C. style 标签定义当前网页用到的样式

　　D. link 外部样式标签只能在 head 内出现

6. 有关<body>中的常见标签描述错误的是（　　　）。

　　A. 多数标签都是成对出现的，标签对之间是要显示的内容

　　B. 所有标签都是成对的

　　C. 段落标签<p>是成对的

　　D. 表格标签<table>是成对的

7. 有关 CSS 的描述错误的是（　　　）。

　　A. CSS 可以美化网页

　　B. CSS 可以与 DIV 一起制作网页布局

　　C. CSS 可以实现简单的下拉或右拉菜单

　　D. CSS 可以实现与服务器的交互

8. 有关 CSS 盒子模型，描述不正确的是（　　　）。

　　A. CSS 盒子模型包括外边距（margin）、边框（border）、内边距（padding）、内容（content）四个属性

　　B. 内容就是盒子里装的东西，可以指文字、图片等元素

　　C. margin 的参数只有两个，表示下左为 0

　　D. margin 的参数有四个，顺序为上右下左

9. CSS 规则定义错误的是（　　　）。

　　A. CSS 规则可以在属性面板定义　　　　B. CSS 规则通过窗口定义

　　C. CSS 规则可以在代码视图中定义　　　D. CSS 规则只能先定义，后使用

10. 有关网页基本元素的描述，正确的是（　　　）。

　　A. 段落的对齐只能使用菜单"格式"|"对齐"

　　B. 段落的开头空两个字符，可以连续按下键盘上的空格键

　　C. 段落内换行可以使用菜单中的插入字符实现

　　D. 网页中的文字在任何客户端显示都一样

11. 下面关于下面图像热点工具，错误的是（　　　）。

　　A. 图像热点工具为一幅图像设置多个超链接提供了非常灵活的手段

B. 图像热点图像边框矩形、椭圆和多边形

C. 图像热点链接可以是内部链接，也可以是外部链接

D. 图像热点链接只能是内部链接，不可以是外部链接

12. 下面有关网页的描述错误的是（　　　　）。

A. 网页分为静态网页和动态网页

B. 动态网页指的是包含视频、动画的网页

C. 网页可以是记事本编辑

D. 网页可以使用 Word 编辑

13. 下面网页元素，可以添加热点的是（　　　　）。

A. 图像　　　　　B. 文字　　　　　C. 表格　　　　　D. 动画

14. 下列（　　　　）为 Dreamweaver 模板文件的扩展名。

A. dwt　　　　　B. ste　　　　　C. dot　　　　　D. doc

15. 要将链接文件加载到未命名的新浏览器窗口中，应选（　　　　）。

A. _blank　　　　B. _parent　　　　C. _self　　　　D. _top

16. 有关<iframe> 标签的描述，错误的是（　　　　）。

A. iframe 规定一个内联框架，用来在当前 HTML 文档中嵌入另一个文档

B. 重载页面时不需要重载整个页面，只需要重载页面中的 iframe 框架页

C. iframe 缺点是会产生很多的页面，不易于管理

D. 使用 iframe 制作的网页，单击不同的链接时，地址栏也变化

17. 有关 DIV+CSS 制作网页布局，描述错误的是（　　　　）。

A. 代码精简，加载快，检索快

B. 可扩展性好

C. 可读性差，要和 CSS 配合才能看到效果

D. 上手快

18. 有关 Div 标签，错误的是（　　　　）。

A. 在网页中插入 DIV 后，DIV 标签以一个框的形式出现在文档中，并带有占位符文本

B. DIV 标签，没有 CSS 无法显示

C. CSS 可以灵活控制 DIV 的显示

D. DIV 标签内可以包含文字、声音、视频和图像

19. 在网页中插入图像后，属性检查器中的替换的意思是（　　　　）。

A. 网页中图像下方显示的文字　　　B. 图像加载遇到问题时显示的文字

C. 鼠标悬停于图像时显示的文字　　　D. 没有什么用

20. 关于 CSS 样式，错误的是（　　　　）。

A. 类样式以 "." 开头　　　　　　　B. ID 样式以 "#" 开头

C. 样式名称不能使用中文　　　　　D. 复合样式前面，如 "a:"，前面需要空格

21. 关于模板的说法，正确的是（　　　　）。

A. 模板建立后只可使用一次

B. 模板建立后，需要建立可编辑区域才可使用

C. 可编辑区域的名称无法修改

D. 模板中只能有一个可编辑区域

22. 如果要使得一个网站的所有风格统一，便于更新，要使用（　　　）。

A. 外部样式表　　B. 内部样式表　　　C. 内嵌样式表　　　D. 以上三种

23. 在 HTML 中，DIV 默认样式下不带滚动条，使 <div> 标签出现滚动条的标签需定义（　　　）样式。

A. overflow:hidden　　　　　　　B. display:block

C. overflow:scroll　　　　　　　D. display:scroll

24. 下列属性中，用来设置段落的首行缩进的是（　　　）。

A. text-align　　B. text-indent　　C. text-style　　　D. text-decoration

25. 下列属性中，用来设置文本的行距的是（　　　）。

A. font-size　　B. line-height　　C. background　　D. text-align

26. 在 CSS 中，下面（　　　）不是 CSS 选择器。

A. ID 选择器　　B. 标签选择器　　C. 类选择器　　　D. 高级选择器

27. 在 HTML 中使用（　　　）标签引入 CSS 内部样式表。

A. <style>　　　B. <p>　　　　C. <link/>　　　D. <strong>

28. 以下关于 DIV+CSS 布局的说法正确的是（　　　）。

A. DIV+CSS 布局，具有简洁高效、内容样式分离并且利于改版等特点

B. DIV+CSS 布局这个概念说明布局过程中全部使用 <div> 标签实现

C. DIV+CSS 布局不能与表格布局同时使用

D. DIV+CSS 布局出现以后，其他的布局方式就被淘汰了

29. 在 CSS 中，属性 padding 是指（　　　）。

A. 外边距　　　　B. 内边距　　　　C. 外边框　　　　D. 内边框

30. 在 HTML 中，下面 form 标签中的 action 属性用于设置（　　　）。

A. 表单的样式　　B. 表单提交方法　　C. 表单提交地址　　D. 表单名称

31. 在 HTML 中，以下关于样式表的优点描述不正确的是（　　　）。

A. 实现内容和表现的分离　　　　B. 页面布局更加灵活

C. 有利于提高网页浏览速度　　　D. 不利于搜索引擎搜索

32. 在 HTML 中，下面（　　　）不属于 HTML 文档的基本组成部分

A. <STYLE></STYLE>　　　　　B. <BODY></BODY>

C. <HTML></HTML>　　　　　　D. <HEAD></HEAD>

33. 在 HTML 中，<iframe> 标签的（　　　）属性用来设置框架链接页面的地址。

A. src　　　　B. href　　　　C. target　　　　D. id

34. 下面选项中，可以设置页面中某个 DIV 标签相对页面水平居中的 CSS 样式是（　　　）。

A. margin:0 auto　　　　　　　B. padding:0 auto

C. text-align:center　　　　　　D. vertical-align:middle

35. 下列选项中不是动态网页文件的扩展名的是（　　　　）。

    A．aspx        B．php          C．jsp         D．htm

36. 有关站点的描述中，不正确的是（　　　　）。

    A．站点，是一系列文档的集合

    B．站点就是一个文件夹，存放制作网页时用到的所有文件和文件夹

    C．用户在建立网站时，必须首先建立站点

    D．增加网页、删除网页、对网页内容所有修改，不必提前打开站点

37. 出现在<head>标签对之间的标签，不可以是（　　　　）。

    A．html 标签    B．script 标签    C．title 标签    D．style 标签

38. 有关网页表单描述中，错误的是（　　　　）。

    A．一个网页可以包含多个表单    B．表单元素必须位于表单内部

    C．表单可以位于导航条中    D．表单元素通常用表格规范显示

39. target 属性的参数中不包括（　　　　）。

    A．_parent    B．_self       C．_top       D．_bottom

40. 以下标签不属于非封闭型（成对）的是（　　　　）。

    A．<p>        B．<br>      C．<hr>      D．<img>

41. 图像的区域不可以是（　　　　）形状。

    A．任意多边形    B．圆形       C．矩形      D．星形

42. CSS 的全称是（　　　　）。

    A．cading style sheet，层叠样式表    B．cascading style sheet，层次样式表

    C．cascading style sheet，层叠样式表    D．cading style sheet，层次样式表

43. 模板的创建有两种方式，分别是（　　　　）。

    A．新建模板，已有网页保存为模板    B．新建网页，保存网页

    C．新建模板，保存层    D．新建层，保存模板

44. 在 Dreamweaver 中，想要使用户在单击超链接时弹出一个新的网页窗口，需要在超链接中定义目标的属性为（　　　　）。

    A．parent    B．self       C．top       D．bank

45. 下面（　　　　）Dreamweaver 的模板文件的扩展名。

    A．html       B．htm       C．dwt      D．txt

46. 创建空链接使用的符号是（　　　　）。

    A．@        B．#        C．&       D．*

47. Dreamweaver 既是一个网页的创建和编辑工具，又是一个站点的（　　　　）的工具。

    A．创建和编辑    B．创建和管理    C．上传和管理    D．上传和编辑

48. 在 Dreamweaver 中，下面关于首页制作的说法错误的是（　　　　）。

    A．首页的文件名称可以是 index.htm 或 index.html

    B．可以使用表格和 DIV 布局网页元素

    C．可以使用表格对网页元素进行定位

    D．在首页中不可以使用 CSS 样式来定义风格

49. 在 Dreamweaver 中，选中整个表格应该（     ）。

    A. 单击 HTML 标签栏的<table>标签

    B. 按住【Ctrl】键，鼠标选中所有单元格

    C. 单击表格边框

    D. 单击表格的任意表格线

50. 利用属性面板设置电子邮件链接时，应该在邮件地址的编辑框中首先输入（     ）。

    A. email          B. mailto          C. mailto:          D. sendto

51. 不属于文档工具栏提供的视图方式的是（     ）。

    A. 代码视图      B. 标准视图      C. 设计视图      D. 拆分视图

52. 在 Dreamweaver 中，对文本或者图像设置超链接说法错误的是（     ）。

    A. 选中文字或图像，在属性面板的链接后面的编辑框输入相应的 URL 地址即可

    B. 选中文字或图像，在属性面板的链接后面的编辑框 URL 地址格式可以使
       "www.sohu.com"

    C. 选中文字或图像，在属性面板的链接后面的编辑框可以输入#，表示是一个
       空连接

    D. 设置超链接的方法不止一种

53. 在 Dreamweaver 中，关于层和表格的转换，说法正确的是（     ）。

    A. 层可以转换为表格，但是表格不能转换为层

    B. 表格可以转换为层，但是层不能转换为表格

    C. 层与表格可以相互转换

    D. 表格与层之间无法转换

54. 下面不能在文字的属性面板中设置的是（     ）。

    A. 文字的格式    B. 热点          C. 对齐方式      D. 超链接

55. 网站首页的名字可以是（     ）。

    A. index.html    B. index.htm    C. firstpage.htm    D. A 或 B

（二）多选题

1. 关于 CSS 样式，说法错误的是（     ）。

    A. CSS 代码严格区分大小写

    B. CSS 样式无法实现页面的精确控制

    C. 每条样式规则使用分号 ";" 隔开

    D. CSS 样式实现了内容与样式的分离，利于团队开发

2. 下面选项中，（     ）可以设置网页中某个标签的右外边距为 10 像素。

    A. margin:0 10px                    B. margin:10px 0 0 0

    C. margin:0 10 0 0px                D. padding-right:10px

3. 网站的组成包括（     ）。

    A. 域名          B. 空间服务器    C. 网站程序      D. 网站数据库

4. HTML、CSS、JavaScript 三者的关系表述正确是（　　　）。

    A. HTML 决定网页的结构和内容    B. CSS 设定网页的表现样式

    C. JavaScript 控制网页的行为    D. 一个网页可以只包含 HTML

5. 有关文档工具栏中的不同视图，描述正确的是（　　　）。

    A. 设计视图，是一个所见即所得的环境，用于页面的布局以及元素的可视化编辑，非常接近浏览器看到的内容，一般情况下都要在设计视图中输入网页元素

    B. 代码视图，用于 HTML、CSS、JavaScript 和其他类型代码的编写

    C. 拆分视图，提供了一个复合工作区，可以同时访问代码视图和设计视图，实时观察设计视图下页面元素对应的代码变化

    D. 实时视图，以一种非全屏的方式显示浏览器的效果

6. 有关文件面板描述正确的是（　　　）。

    A. 站点文件删除操作也可以使用 Windows 的资源管理器完成

    B. 站点文件重命名也可以使用 Windows 的资源管理器完成

    C. 添加站点文件可以使用 Windows 的资源管理器完成

    D. 站点下新建文件夹也可以使用 Windows 的资源管理器完成

7. CSS 的样式分类中，正确的是（　　　）。

    A. 外部样式文件的扩展名是 .css

    B. 一个网页可以包含多个外部样式文件

    C. 内部样式可以是多个

    D. 内联样式把网页的有效信息和修饰信息混在一起

8. 有关网页中的表格，正确的是（　　　）。

    A. 网页中的表格包括边框粗细、单元格间距和单元格边距三种属性

    B. 在 Excel 中，设置好单元格边框后，复制到网页中，也包括框线

    C. 直接使用文件菜单导入已设置内外边框的工作表，也包括框线

    D. 网页中的表格框线可以在属性检查器设置

9. 有关超链接，描述正确的是（　　　）。

    A. 超链接分为外部链接、内部链接和锚记

    B. 外部链接指的是站点上某个网页，通过链接来指向并访问不属于该站点上的网页

    C. 内部链接指的是在一个站点内，通过内部链接来指向并访问属于该站点内的网页

    D. 锚记指的是在一个网页内部实现不同部分之间的跳转

10. 表格制作网页布局的特点，描述正确的是（　　　）。

    A. 简单易用，可读性好

    B. 代码冗余，导致网站加载速度变慢

    C. 适合新手用来做一些页面，容易上手，一般小网站能快速成型

    D. 对搜索引擎不友好；可扩展性不灵活

11. 以下（　　　）可以用于进行网页布局。

    A. 层         B. 表格         C. CSS         D. 段落

12. 在将模板应用于文档之后，下列说法中正确的是（　　）。

    A. 模板将不能被修改         B. 模板还可以被修改

    C. 文档将不能被修改         D. 文档还可以被修改

13. 可以在网页中插入的图像文件格式包括（　　）。

    A. .gif         B. .jpg         C. .png:         D. .psd

## （三）判断题

1. 图像可以用于充当网页内容，但不能作为网页背景。 （　　）

2. 可以在不设置站点的情况下编辑网页文件。 （　　）

3. 在 Dreamweaver CC 中可以导入 XML 模板、表格式数据、Word 及 Excel 文档等应用程序文件。 （　　）

4. Dreamweaver 站点提供一种组织所有与 Web 站点关联的文档的方法。通过在站点中组织文件，可以利用 Dreamweaver 将站点上传到 Web 服务器、自动跟踪和维护链接、管理文件以及共享文件。 （　　）

5. 嵌套表格的宽度不受所在单元格宽度的限制。 （　　）

6. 追求速度为先的网页设计时，可以多用图像。 （　　）

7. 导航条可以是文字链接，不可以是图像链接。 （　　）

8. 网页中的表格单元格，可以合并、拆分，不可以设置背景图像。 （　　）

9. 设置为鼠标经过图像的两幅图像大小可以不同，但是系统总是按第一幅图像的大小规范第二幅。 （　　）

10. CSS 和模板都可以实现将不同网页的风格保持一致。 （　　）

# 附 录 ▶ >> 自测题参考答案

## 第1章 计算机基础

（一）单选题

| 1 | 2 | 3 | 4 | 5 | 6 | 7 | 8 | 9 | 10 |
|---|---|---|---|---|---|---|---|---|---|
| B | D | C | D | D | B | A | A | B | C |
| 11 | 12 | 13 | 14 | 15 | 16 | 17 | 18 | 19 | 20 |
| A | B | C | D | C | A | B | C | A | D |
| 21 | 22 | 23 | 24 | 25 | 26 | 27 | 28 | 29 | 30 |
| D | B | A | A | A | B | D | A | B | D |

（二）多选题

| 1 | 2 | 3 | 4 | 5 | 6 | 7 | 8 | 9 | 10 |
|---|---|---|---|---|---|---|---|---|---|
| ABCD | ABC | ABC | ABC | CD | BCD | ABCD | ACD | ACD | AB |

（三）判断题

| 1 | 2 | 3 | 4 | 5 | 6 | 7 | 8 | 9 | 10 |
|---|---|---|---|---|---|---|---|---|---|
| √ | √ | ✗ | √ | √ | ✗ | √ | ✗ | √ | √ |

## 第2章 Windows 操作系统

（一）单选题

| 1 | 2 | 3 | 4 | 5 | 6 | 7 | 8 | 9 | 10 |
|---|---|---|---|---|---|---|---|---|---|
| D | D | C | D | C | B | D | D | C | C |
| 11 | 12 | 13 | 14 | 15 | 16 | 17 | 18 | 19 | 20 |
| A | C | D | C | D | A | D | D | D | D |

（二）多选题

| 1 | 2 | 3 | 4 | 5 | 6 | 7 | 8 | 9 | 10 |
|---|---|---|---|---|---|---|---|---|---|
| ABCD | ABC | ABCD | ABCD | AC | ABCD | ABC | ABCD | ABCD | ABCD |

（三）判断题

| 1 | 2 | 3 | 4 | 5 | 6 | 7 | 8 | 9 | 10 |
|---|---|---|---|---|---|---|---|---|---|
| ✕ | ✕ | ✓ | ✕ | ✓ | ✓ | ✓ | ✓ | ✓ | ✓ |

# 第3章 Word 2016 基本操作

（一）单选题

| 1 | 2 | 3 | 4 | 5 | 6 | 7 | 8 | 9 | 10 |
|---|---|---|---|---|---|---|---|---|---|
| C | A | C | D | A | A | D | B | C | B |
| 11 | 12 | 13 | 14 | 15 | 16 | 17 | 18 | 19 | 20 |
| D | A | C | D | B | C | B | D | C | A |
| 21 | 22 | 23 | 24 | 25 | 26 | 27 | 28 | 29 | 30 |
| C | A | C | B | A | B | C | D | C | B |
| 31 | 32 | 33 | 34 | 35 | 36 | 37 | 38 | 39 | 40 |
| C | D | A | C | D | C | B | B | A | B |

（二）多选题

| 1 | 2 | 3 | 4 | 5 | 6 | 7 | 8 | 9 | 10 |
|---|---|---|---|---|---|---|---|---|---|
| ABCD | ABCD | ACD | BC | CD | ABCD | ABCD | ABC | ABCD | CD |
| 11 | 12 | 13 | 14 | 15 | | | | | |
| ABCD | ABC | ABCD | BCD | BC | | | | | |

（三）判断题

| 1 | 2 | 3 | 4 | 5 | 6 | 7 | 8 | 9 | 10 |
|---|---|---|---|---|---|---|---|---|---|
| ✓ | ✓ | ✕ | ✓ | ✓ | ✕ | ✓ | ✓ | ✕ | ✕ |
| 11 | 12 | 13 | 14 | 15 | 16 | 17 | 18 | 19 | 20 |
| ✓ | ✕ | ✓ | ✓ | ✓ | ✕ | ✕ | ✕ | ✕ | ✕ |

# 第4章 Excel 2016 基本操作

## （一）单选题

| 1 | 2 | 3 | 4 | 5 | 6 | 7 | 8 | 9 | 10 |
|---|---|---|---|---|---|---|---|---|----|
| D | A | C | D | B | B | D | D | A | B |
| 11 | 12 | 13 | 14 | 15 | 16 | 17 | 18 | 19 | 20 |
| D | D | A | B | B | C | B | B | D | D |
| 21 | 22 | 23 | 24 | 25 | 26 | 27 | 28 | 29 | 30 |
| A | D | A | B | D | A | B | D | A | C |
| 31 | 32 | 33 | 34 | 35 | 36 | | | | |
| A | C | B | D | B | B | | | | |

## （二）多选题

| 1 | 2 | 3 | 4 | 5 | 6 | 7 | 8 | 9 | 10 |
|---|---|---|---|---|---|---|---|---|----|
| CD | ABC | ABD | ABCD | BCD | AD | ABCD | AD | ABC | ABC |
| 11 | 12 | 13 | 14 | 15 | 16 | | | | |
| ABD | ABCD | ABD | AC | ACD | ABD | | | | |

## （三）判断题

| 1 | 2 | 3 | 4 | 5 | 6 | 7 | 8 | 9 | 10 |
|---|---|---|---|---|---|---|---|---|----|
| ✓ | ✗ | ✗ | ✓ | ✗ | ✗ | ✗ | ✓ | ✓ | ✓ |
| 11 | 12 | 13 | 14 | 15 | 16 | | | | |
| ✓ | ✓ | ✗ | ✓ | ✗ | ✓ | | | | |

# 第5章 PowerPoint 2016 演示文稿制作

## （一）单选题

| 1 | 2 | 3 | 4 | 5 | 6 | 7 | 8 | 9 | 10 |
|---|---|---|---|---|---|---|---|---|----|
| A | B | D | D | C | B | C | C | C | C |
| 11 | 12 | 13 | 14 | 15 | 16 | 17 | 18 | 19 | 20 |
| A | B | B | D | A | C | A | C | C | B |
| 21 | 22 | 23 | 24 | 25 | 26 | 27 | 28 | 29 | 30 |
| B | A | D | D | B | B | D | A | D | D |

（二）多选题

| 1 | 2 | 3 | 4 | 5 | 6 | 7 | 8 | 9 | 10 |
|---|---|---|---|---|---|---|---|---|----|
| ABCD | ABD | ACD | ABD | ABCD | ABCD | BCD | ABC | BCD | ABCD |

（三）判断题

| 1 | 2 | 3 | 4 | 5 | 6 | 7 | 8 | 9 | 10 | 11 |
|---|---|---|---|---|---|---|---|---|----|----|
| ✓ | ✓ | ✗ | ✗ | ✗ | ✓ | ✓ | ✓ | ✗ | ✗ | ✓ |

## 第 6 章　Photoshop CC 基本操作

（一）单选题

| 1 | 2 | 3 | 4 | 5 | 6 | 7 | 8 | 9 | 10 |
|---|---|---|---|---|---|---|---|---|----|
| B | D | D | C | D | D | C | C | B | B |
| 11 | 12 | 13 | 14 | 15 | 16 | 17 | 18 | 19 | 20 |
| A | A | D | D | D | C | D | C | B | C |
| 21 | 22 | 23 | 24 | 25 | 26 | 27 | 28 | 29 | 30 |
| C | D | B | C | B | D | D | C | A | B |

（二）多选题

| 1 | 2 | 3 | 4 | 5 | 6 | 7 | 8 | 9 | 10 |
|---|---|---|---|---|---|---|---|---|----|
| ABD | AC | ACD | AC | ABC | AD | BCD | ABC | BC | ABCD |

（三）判断题

| 1 | 2 | 3 | 4 | 5 | 6 | 7 | 8 | 9 | 10 |
|---|---|---|---|---|---|---|---|---|----|
| ✓ | ✗ | ✗ | ✓ | ✓ | ✓ | ✗ | ✗ | ✓ | ✗ |

## 第 7 章　Dreamweaver CC 网页制作

（一）单选题

| 1 | 2 | 3 | 4 | 5 | 6 | 7 | 8 | 9 | 10 |
|---|---|---|---|---|---|---|---|---|----|
| A | B | C | C | D | B | D | C | D | C |
| 11 | 12 | 13 | 14 | 15 | 16 | 17 | 18 | 19 | 20 |
| D | B | A | A | A | D | D | B | B | D |
| 21 | 22 | 23 | 24 | 25 | 26 | 27 | 28 | 29 | 30 |
| B | A | C | B | B | D | A | A | B | C |

| 31 | 32 | 33 | 34 | 35 | 36 | 37 | 38 | 39 | 40 |
|----|----|----|----|----|----|----|----|----|----|
| D | A | A | A | D | D | A | A | D | C |
| 41 | 42 | 43 | 44 | 45 | 46 | 47 | 48 | 49 | 50 |
| D | C | A | D | C | B | B | D | A | C |
| 51 | 52 | 53 | 54 | 55 | | | | | |
| B | B | C | B | D | | | | | |

（二）多选题

| 1 | 2 | 3 | 4 | 5 | 6 | 7 | 8 | 9 | 10 |
|----|----|----|----|----|----|----|----|----|----|
| AB | AC | ABCD | ABCD | ABCD | CD | ABCD | AD | ABCD | ABCD |
| 11 | 12 | 13 | | | | | | | |
| AB | BD | ABCD | | | | | | | |

（三）判断题

| 1 | 2 | 3 | 4 | 5 | 6 | 7 | 8 | 9 | 10 |
|----|----|----|----|----|----|----|----|----|----|
| ✗ | ✓ | ✓ | ✓ | ✗ | ✗ | ✗ | ✗ | ✓ | ✓ |